高等学校实验教材

高等学校"十三五"规划教材

物理化学实验

赵 军 李国祥 主 编
郝占忠 谷中明 陈晓霞 副主编

WULI HUAXUE SHIYAN

化学工业出版社
·北京·

《物理化学实验》共分两部分，第一部分物理化学实验概述介绍了实验目的和要求、误差分析和数据处理、实验室安全与防护；第二部分物理化学基础实验包括化学热力学、电化学、化学动力学、胶体及表面化学、结构化学等共15个实验。有关物理化学实验技术，如温度测量技术、压力及真空测量技术、电化学测量技术和光学测量技术等，其相关仪器的使用方法和注意事项在各实验内容中进行介绍。附录部分为物理化学实验常用数据表。

本书可作为高等院校化学化工类各专业和其他相关专业物理化学实验课程的教材和参考书，也可供相关专业技术人员使用和参考。

图书在版编目（CIP）数据

物理化学实验/赵军，李国祥主编. —北京：化学工业出版社，2019.10

高等学校实验教材　高等学校"十三五"规划教材

ISBN 978-7-122-35146-3

Ⅰ.①物…　Ⅱ.①赵…②李…　Ⅲ.①物理化学-化学实验-高等学校-教材　Ⅳ.①O64-33

中国版本图书馆CIP数据核字（2019）第192975号

责任编辑：马　波　杨　菁　闫　敏　　　　文字编辑：向　东
责任校对：王鹏飞　　　　　　　　　　　　装帧设计：张　辉

出版发行：化学工业出版社（北京市东城区青年湖南街13号　邮政编码100011）
印　　装：三河市延风印装有限公司
787mm×1092mm　1/16　印张8　字数192千字　2019年10月北京第1版第1次印刷

购书咨询：010-64518888　　　　　　　　　　　　售后服务：010-64518899
网　　址：http://www.cip.com.cn
凡购买本书，如有缺损质量问题，本社销售中心负责调换。

定　　价：26.00元　　　　　　　　　　　　　　　　　　　版权所有　违者必究

前　言

随着社会的进步、科技的发展，越来越多的新型仪器设备不断引进实验室，物理化学实验传统教材中存在仪器设备与实际应用的仪器设备不匹配的问题，给学生预习和教师授课带来诸多不便。同时，物理化学的实验内容和实验方法也发生了很大变化。

为了适应实际情况，内蒙古科技大学包头师范学院从事物理化学实验教学的教师根据长期教学实践及教改项目的研究成果，结合教学方案和教学大纲的要求，在2011年编写了《物理化学实验》讲义。该讲义在包头师范学院及部分兄弟院校的化学和应用化学等专业的几届学生中进行了试用。讲义讲解的实验原理与物理化学理论课程紧密联系，仪器设备的使用方法与实际应用的仪器设备相匹配，药品选用了无毒害的化学试剂，而且还突出了对学生基本操作、基本技能和独立实验能力的培养和锻炼。讲义内容编排上图文并茂，通俗易懂，使学生预习、操作和教师指导都非常方便，使用效果很好。2013年，在充分汲取最新教学成果和科研成果的基础上，我们对该讲义内容进行了充实和完善，编写了《物理化学实验》讲义（第二版）。随着高等院校课程改革不断深入，高校完全学分制和过程性评价逐步实施，根据最新版化学化工类专业人才培养方案，我们接着对《物理化学实验》讲义（第二版）进行了再次修订，编写了《物理化学实验》讲义（第三版）。近几年，许多化学化工类专业又添置了不少新型的物理化学实验仪器，故在《物理化学实验》讲义（第三版）的基础上我们编写了这本《物理化学实验》教材，以满足实验教学的需要。

本书由物理化学实验概述、物理化学基础实验和附录构成，概述介绍了物理化学实验的目的和要求，误差分析和数据处理，实验室安全与防护；基础实验涵盖了物理化学各分支学科的实验内容。有关物理化学实验技术，如温度测量技术、压力及真空测量技术等，其相关仪器的使用方法和注意事项均在各实验项目中进行说明。附录列出了物理化学实验常用数据表。

本书可作为高等院校化学化工类各专业和其他相关专业物理化学实验课程的教材和参考书，也可供相关专业技术人员使用和参考。

本书由赵军、李国祥担任主编，郝占忠、谷中明、陈晓霞担任副主编。参加编写人员及分工如下：包头师范学院赵军负责全书的绘图、审核、统稿和定稿，并编写实验 2～5、7～11、13、14；郝占忠编写实验 1、6、12、15；谷中明编写第一部分的第二节、附录；王连连编写第一部分的第三节，并整理附录；张立娜编写实验 4 说明Ⅱ中 1，实验 6 说明，实验 10 说明Ⅱ。内蒙古科技大学李国祥负责全书的内容筹划，并编写实验 2 说明，实验 4 说明Ⅱ中 2，整理第一部分的第一节和第二节；陈晓霞编写第一部分的第一节，实验 7 说明Ⅰ中 1；王丽编写实验 7 说明Ⅱ中 1。

本书的编写工作得到了包头师范学院和内蒙古科技大学各级领导和物理化学课程团队的大力支持，在此表示衷心的感谢。

由于编者水平有限，不妥或疏漏之处在所难免，敬请读者指正。

编者

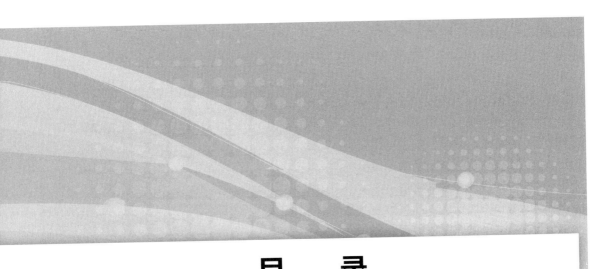

目　录

第一部分　物理化学实验概述　　1

第一节　实验目的和要求 …………………………………………………………… 1
第二节　误差分析和数据处理 ……………………………………………………… 2
第三节　实验室安全与防护 ………………………………………………………… 17

第二部分　物理化学基础实验　　20

实验 1　恒温槽的性能测试 ………………………………………………………… 20
实验 2　燃烧热的测定 ……………………………………………………………… 24
实验 3　溶解热的测定 ……………………………………………………………… 32
实验 4　凝固点降低法测定物质的摩尔质量 ……………………………………… 38
实验 5　液体饱和蒸气压的测定 …………………………………………………… 45
实验 6　异丙醇-环己烷双液系相图的绘制 ……………………………………… 50
实验 7　甲基红的酸解离平衡常数的测定 ………………………………………… 55
实验 8　电导法测定弱电解质解离平衡常数 ……………………………………… 65
实验 9　电极制备及电池电动势的测定 …………………………………………… 70
实验 10　蔗糖水解反应速率常数的测定 ………………………………………… 76
实验 11　乙酸乙酯皂化反应速率常数的测定 …………………………………… 82
实验 12　丙酮碘化反应速率常数的测定 ………………………………………… 88
实验 13　溶液中的吸附作用和表面张力的测定 ………………………………… 93
实验 14　黏度法测定高聚物分子量 ……………………………………………… 98
实验 15　磁化率的测定 …………………………………………………………… 103

附录 物理化学实验常用数据表 　　109

- 附表 1　SI 基本单位 ·· 109
- 附表 2　常用的 SI 导出单位 ··· 109
- 附表 3　一些物理和化学的基本常数 ··· 110
- 附表 4　单位换算表 ·· 110
- 附表 5　有机化合物的蒸气压 ·· 111
- 附表 6　部分有机化合物的密度 ··· 112
- 附表 7　不同温度下水的密度 ·· 112
- 附表 8　水在不同温度下的折射率、黏度和介电常数 ·························· 113
- 附表 9　25℃下某些液体的折射率 ·· 114
- 附表 10　不同温度下水的表面张力 ·· 114
- 附表 11　几种溶剂的凝固点下降常数 ··· 114
- 附表 12　常压下某些共沸物的沸点和组成 ······································· 115
- 附表 13　不同温度下 KCl 在水中的溶解焓 ······································ 115
- 附表 14　某些有机化合物的标准摩尔燃烧焓 ···································· 115
- 附表 15　25℃下乙酸在水溶液中的电离度和解离常数 ······················· 116
- 附表 16　KCl 溶液的电导率 ··· 116
- 附表 17　无限稀释离子的摩尔电导率 ··· 117
- 附表 18　25℃下标准电极电位及温度系数 ······································ 117
- 附表 19　高聚物溶剂体系的 $[\eta]$-M 关系式 ···································· 118
- 附表 20　几种化合物的磁化率 ·· 118

参考文献　　120

第一部分　物理化学实验概述

第一节　实验目的和要求

一、实验目的

① 使学生了解物理化学实验的基本实验方法和实验技术，学会通用仪器的操作，培养学生的动手能力。
② 通过实验操作、现象观察和数据处理，锻炼学生分析问题、解决问题的能力。
③ 加深对物理化学基本原理的理解，给学生提供理论联系实际和应用于实践的机会。
④ 培养学生勤奋学习、求真、求实、勤俭节约的优良品德和科学精神。

二、实验要求

1. 实验预习

学生在进实验室之前必须仔细阅读实验教材中有关的实验及基础知识，明确本次实验中测定什么量，最终求算什么量，用什么实验方法，使用什么仪器，控制什么实验条件，在此基础上，将实验目的、实验步骤、实验数据记录表和实验时应注意的事项写在预习笔记本上。

进入实验室后不要急于动手做实验，首先要查对仪器，看是否完好，发现问题及时向指导教师提出，然后对照仪器进一步预习，并接受教师的提问、讲解，在教师指导下做好实验准备工作。

2. 实验操作及注意事项

经指导教师同意方可接通仪器电源进行实验。仪器的使用要严格按照仪器操作规程进行，不可盲动。对于实验步骤，通过预习应做到心中有数，严禁"抓中药"式的操作，看一下书，动一动手。实验过程中要仔细观察实验现象，发现异常现象应仔细查明原因，或请指导教师帮助分析处理。实验结果必须经教师检查，数据不合格的应及时返工重做，直至获得满意结果，实验数据应随时记录在预习笔记本上，记录数据要实事求是，详细准确，且注意整洁清楚，不得任意涂改。尽量采用表格形式。要养成良好的记录习惯。实验完毕后，经指导教师签字同意后，方可离开实验室。

3. 实验报告

学生应独立完成实验报告，并在下次实验前及时送指导教师批阅。实验报告的内容包括实验目的、实验原理、实验装置简图（有时可用方块图表示）、实验步骤、数据处理、结果讨论和思考题。数据处理应有原始数据记录表和计算结果表（有时二者可合二为一），需要计算的数据必须列出算式，对于多组数据，可列出其中一组数据的算式。作图时必须按下节中数据处理部分所要求的去做，实验报告的数据处理中不仅包括表格、作图和计算，还应有必要的文字叙述。例如："所得数据列入××表"，"由表中数据作××-××图"等，以便使写出的报告更加清晰、明了、逻辑性强，便于批阅和留作以后参考。结果讨论应包括对实验现象的分析解释，查阅文献的情况，对实验结果误差的定性分析或定量计算，对实验的改进意见和做实验的心得体会等，这是锻炼学生分析问题的重要一环，应予重视。

4. 实验室规则

① 实验时应遵守操作规则，遵守一切安全制度，保证实验安全进行。

② 遵守纪律，不迟到，不早退，保持室内安静，不大声谈笑，不到处乱走，不许在实验室内嬉闹及恶作剧。

③ 使用水、电、煤气、药品试剂等都应本着节约原则。

④ 未经指导教师允许不得乱动精密仪器，使用时要爱护仪器，如发现仪器损坏，立即报告指导教师并追查原因。

⑤ 随时注意室内整洁卫生，火柴杆、纸张等废物只能丢入废物缸内，不能随地乱丢，更不能丢入水槽，以免堵塞。实验完毕将玻璃仪器洗净，把实验桌打扫干净，公用仪器、试剂药品等都整理整齐。

⑥ 实验时要集中注意力，认真操作，仔细观察，积极思考，实验数据要及时如实详细记在预习笔记本上，不得涂改和伪造，如有记错可在原数据上画一杠，再在旁边记下正确值。

⑦ 实验结束后，由同学轮流值日，负责打扫整理实验室，检查水、气瓶、门窗是否关好，电闸是否拉掉，以保证实验室的安全。

实验室规则是人们长期从事化学实验工作的总结，它是保持良好环境和工作秩序，防止意外事故，做好实验的重要前提，也是培养学生优良素质的重要措施。

第二节　误差分析和数据处理

由于实验方法和实验设备的不完善、周围环境的影响、人的观察力、测量程序等限制，实验观测值和真值之间总是存在一定的差异，在数值上即表现为误差。为了提高实验的精度，缩小实验观测值和真值之间的差值，需要对实验数据误差进行分析和讨论。

通过误差分析，可以认清误差的来源及影响，使我们有可能预先确定导致实验总误差的最大组成因素，并设法排除数据中所包含的无效成分，进一步改进实验方案。实验数据误差分析也提醒我们注意主要误差来源，精心操作，使研究的准确度得以提高。下面首先简要介绍有关误差的几个基本概念。

一、基本概念

1. 真值与平均值

（1）真值 真值是指某物理量客观存在的确定值，它通常是未知的。虽然真值是一个理想的概念，但对某一物理量经过无限多次的测量，出现的误差有正、有负，而正负误差出现的概率是相同的。因此，若不存在系统误差，它们的平均值相当接近于这一物理量的真值。故真值等于测量次数无限多时得到的算术平均值。由于实验工作中观测的次数是有限的，由此得出的平均值只能近似于真值，故称这个平均值为最佳值。

（2）平均值 设 x_1，x_2，$\cdots$，x_n 为各次测量值，n 为测量次数，则化学、化工中常用的平均值有：

① 算术平均值

$$\overline{x} = \frac{x_1 + x_2 + \cdots + x_n}{n} = \frac{1}{n}\sum_{i=1}^{n} x_i$$

② 均方根平均值

$$\overline{x_{均}} = \sqrt{\frac{x_1^2 + x_2^2 + \cdots + x_n^2}{n}} = \sqrt{\frac{1}{n}\sum_{i=1}^{n} x_i^2}$$

③ 几何平均值

$$\overline{x_{几}} = \sqrt[n]{x_1 x_2 \cdots x_n}$$

④ 对数平均值

$$\overline{x_{对}} = \frac{x_1 - x_2}{\ln\dfrac{x_1}{x_2}}$$

对数平均值多用于热量和质量传递中，当 $x_1/x_2 < 2$ 时，可用算术平均值代替对数平均值，引起的误差不超过 4.4%。

以上介绍的各类平均值，目的是要从一组测量值当中找出最接近真值的量值。从上可知，平均值的选择主要取决于一组测量值分布的类型。在化学、化工实验和科学研究中，数据的分布多属于正态分布，故多采用算术平均值，可以证明算术平均值即为一组等精度测量的最佳值或最可信赖值。

2. 误差的分类

误差是实验观测值（包括间接测量值）与真值（客观存在的准确值）之差，偏差是指实验观测值与平均值之差，但习惯上常将两者混用而不加区别。误差分为下面三类。

（1）系统误差 在相同条件下，多次测量同一量时，误差的绝对值和符号保持恒定，或在条件改变时，按某一确定规律变化的误差，其产生的原因有：

① 方法误差：如使用近似的测量方法或近似的计算公式等引起的误差。

② 装置和试剂误差：如仪器设计上的缺点，未经校准，零件制造不标准，安装不正确，温度计刻度不准。对于化学实验还包括由药品纯度、产地及批次等所产生的误差。

③ 主观误差：操作者的习惯偏向引起的误差，如观察视线偏高或偏低，或动态测量时的滞后现象等。

④ 环境误差：外界温度、湿度及压力变化引起的误差。如温度的变化将影响物体的长

度和导线的电阻；大气压的变化将影响溶液的沸点；温度的变化将影响测量仪器而产生系统误差等。

对于系统误差，单纯增加实验次数是无法减少的，因为它在反复测定的情况下常保持同一数值与同一符号，故也称为常差。系统误差有固定的偏向和确定的规律，通过改变实验条件可以发现系统误差的存在，可按原因采取相应的措施给予校正或用公式消除。

（2）过失误差（或粗差） 这是一种明显歪曲实验结果的误差。它无规律可循，是由实验人员粗心大意如读数错误、记录错误或操作失误所引起。这类误差与正常值相差较大，应在整理数据时加以剔除。

（3）偶然误差（随机误差） 由一些不易控制的因素引起，如测量值的波动（如大气压、温度的波动），肉眼观察误差（例如对仪器最小分度以内的读数难以读准确等）等。偶然误差与系统误差不同，其误差的数值和符号不确定，不能从实验中消除，但它服从统计规律，其误差与测量次数有关。随着测量次数的增加，出现的正负误差可以相互抵消，故多次测量的算术平均值接近于真值。

① 偶然误差的统计特征。经过了大量的测量和分析，发现偶然误差具有如下的特点。

对称性：绝对值相等的正误差和负误差出现的概率相同。

单峰性：绝对值小的误差出现的概率大，而绝对值大的误差出现的概率小，即绝对值小的误差较绝对值大的误差出现的次数多。

有界性：绝对值很大的误差出现的概率趋近于零，也就是误差值有一定的实际极限。

抵偿性：当测量的次数趋于无穷时，误差的算数平均值趋于零，这是由于正负误差相互抵消的结果。

互斥性：每次测量中只能有一个偶然误差存在，不可能在一次测量中有两个偶然误差，所以误差是互不相容的事件。

独立性：在一次测量中偶然误差的出现并不会影响另一次测量所产生的偶然误差，它们之间相互独立，没有关联。

② 偶然误差的分布规律——正态分布曲线。在经过大量测量数据的分析后，发现它是服从正态分布的，即

$$y = f(x^2) = \frac{1}{\sqrt{2\pi}\sigma} e^{-\frac{x^2}{2\sigma^2}} = \frac{1}{\sqrt{2\pi}\sigma} \exp\left(-\frac{x^2}{2\sigma^2}\right)$$

式中，x 为实测值与真值之差；σ 为标准误差；$f(x^2)$ 为误差函数，是高斯于 1795 年发现的函数形式，称为高斯误差分布定律，其误差正态分布曲线如图 1-1 所示。

由数理统计的方法可知：误差在 $\pm\sigma$ 内的测量值出现的概率为 68.3%，在 $\pm 2\sigma$ 内的测量值出现的概率为 95.5%，在 $\pm 3\sigma$ 内的测量值出现的概率为 99.7%，由此可见误差超过 $\pm 3\sigma$ 的出现概率只有 0.3%。因此如果多次重复测量中个别数据的误差之绝对值大于 3σ，则这个极端值可以舍去。严格地说，这是指测量达到一百次以上时方可如此处

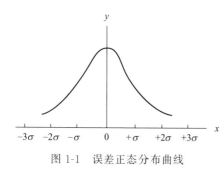

图 1-1 误差正态分布曲线

理，但可粗略地用于 15 次以上的测量。对于 10～15 次时可用 2σ，若测量次数再少，应酌情递减。

上式也可写为：

$$y = \frac{h}{\sqrt{\pi}} e^{-h^2 x^2} = \frac{h}{\sqrt{\pi}} \exp(-h^2 x^2)$$

式中，h 为精密度指数，$h = \dfrac{1}{\sqrt{2}\sigma}$。

此式代表的物理含义是：标准误差 σ 的数值越大，则精密度指数 h 越小，一组测量的数据越分散；反之 σ 越小则 h 越大，数据越集中。也就是说真值的大小不影响曲线的形状，它主要由总体的标准偏差 σ 决定，如图1-2所示。

例：相同条件下对某温度测量15次，测量值列入表1-1。试问第8次测量值是否应予剔除。

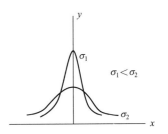

图1-2 真值相同时，标准偏差对分布的影响

表1-1 相同条件下某温度测量值

i	x_i	d_i	d_i^2
1	20.42	0.02	0.0004
2	20.43	0.03	0.0009
3	20.40	0.00	0.0000
4	20.43	0.03	0.0009
5	20.42	0.02	0.0004
6	20.43	0.03	0.0009
7	20.39	−0.01	0.0001
8	20.30	−0.10	0.0100
9	20.40	0.00	0.0000
10	20.43	0.03	0.0009
11	20.42	0.02	0.0004
12	20.41	0.01	0.0001
13	20.39	−0.01	0.0001
14	20.39	−0.01	0.0001
15	20.40	0.00	0.0000
	$\overline{x} = 20.40$		$\sum_{i=1}^{15} d_i^2 = 0.0152$

由表中数据计算：

$$3\sigma = 3 \times \sqrt{\frac{\sum d_i^2}{n-1}} = 3 \times \sqrt{\frac{0.0152}{14}} = 3 \times 0.033 = 0.099$$

第8点的偏差为：$|d_8| = |x_8 - \overline{x}| = |20.30 - 20.40| = 0.10 > 0.099$

所以第8点应予剔除。剔除后，$\sum_{i=1}^{15} d_i^2 = 0.0052$

$$3\sigma = 3 \times \sqrt{\frac{0.0052}{13}} = 3 \times 0.02 = 0.06$$

所剩 14 个点的偏差均不超过 0.06，故不必再剔除。

3. 准确度、精密度和精确度

（1）**准确度**　表示观测值和真值接近的程度。在一组测量中如果系统误差很小，可以说测量结果是相当准确的。测量（或加工制造或计算）的准确度是由系统误差来表征和描述。系统误差越小则表示测量的准确度越高。如果实验的相对误差为 0.01% 且误差由系统误差引起，则可以认为准确度为 10^{-4}。

（2）**精密度**　表示各观测值相互接近的程度。在一组测量中如果数据比较稳定，分散性小，我们就称测量结果是精密的。测量（或加工制造或计算）的精密度是由偶然误差来表征和描述的。偶然误差越小则表示测量的精密度越高，表明测量的重复性就越好。如果实验的相对误差为 0.01% 且误差由偶然误差引起，则可以认为精密度为 10^{-4}。

（3）**精确度**　在测量（或加工制造或计算）中，如果系统误差小，偶然误差也小，则这组测量的准确度和精密度也越好。这时我们称这组测量的精确度高。所以精确度是由系统误差和偶然误差两个共同来表征和描述的。若实验的相对误差为 0.01% 且误差由系统误差和偶然误差共同引起，则可以认为精确度为 10^{-4}。

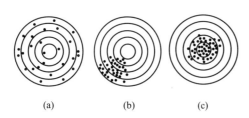

图 1-3　准确度、精密度、精确度之间的关系

在实际测量中往往精密度高的准确度不一定好；当然也可能有准确度、精密度两者都好或都不好的情况。如图 1-3 所示，图 1-3(a) 精密度低，准确度低；图 1-3(b) 精密度高，准确度低；图 1-3(c) 精密度、准确度和精确度皆高。

4. 误差的表示方法

（1）**算术平均误差**　算术平均误差的定义为：

$$\delta = \frac{\sum_{i=1}^{n}|x_i - \overline{x}|}{n} = \frac{\sum_{i=1}^{n}d_i}{n}$$

式中　n——测量次数；

x_i——测量值，$i = 1, 2, 3, \cdots, n$；

$\overline{x}$——测量值的算术平均值，$\overline{x} = \dfrac{\sum_{i=1}^{n} x_i}{n}$；

d_i——测量值与算术平均值之差的绝对值（偏差），$d_i = |x_i - \overline{x}|$。

算数平均误差的缺点是无法表示出各次观测之间彼此符合的程度。若有两组测量，尽管它们计算的算数平均误差相等，但它们的偏差 $d_i = |x_i - \overline{x}|$ 可以不一样，即一组的偏差 d_i 比较接近，而另一组的偏差 d_i 则可能比较分散。

（2）**标准误差（均方误差）**　对有限测量次数，标准误差表示为：

$$\sigma = \sqrt{\frac{\sum_{i=1}^{n} d_i^2}{n-1}}$$

标准误差是目前最常用的一种表示精确度的方法，它不但与一系列测量值中的每个数据有关，而且对其中较大的误差或较小的误差敏感性很强，能较好地反映实验数据的精确度，实验愈精确，其标准误差愈小。在误差理论的研究中已被广泛运用。

(3) **绝对误差** 它表示了测量值与真值的接近程度，即测量的准确度。其定义是：测量值与真值之差的绝对值。在实际工作中常以最佳值代替真值，测量值与最佳值之差称为残余误差，习惯上也称为绝对误差。

设测量值用 x 表示，真值用 X 表示，则绝对误差 D 为

$$D = |X - x|$$

式中，真值 X 一般为未知，用平均值代替。

如在实验中对物理量的测量只进行了一次，可根据测量仪器出厂鉴定书注明的误差，或取测量仪器最小刻度值的一半作为单次测量的误差。如某压力表精（确）度为 1.5 级，即表明该仪表最大误差为相当挡次最大量程的 1.5%，若最大量程为 0.4MPa，该压力表的最大误差为：$0.4 \times 1.5\% = 0.006$ MPa。

化学化工实验中最常用的 U 形管压差计、转子流量计、秒表、量筒等仪表原则上均取其最小刻度值为最大误差，而取其最小刻度值的一半作为绝对误差计算值。

(4) **相对误差** 它表示测量值的精密度，即各次测量值相互靠近的程度。其定义是：绝对误差 D 与真值的绝对值之比，称为相对误差：

$$\varepsilon = \frac{D}{|X|}$$

二、误差分析

测量分为直接测量和间接测量两种，一切简单易得的量均可直接测得，如用米尺量物体的长度，用温度计测量体系的温度等。对于较复杂不易直接测得的量，可直接测定简单量，而后按照一定的函数关系将它们计算出来。

例如：测量热计温度变化 ΔT 和样品质量 W，代入公式 $\Delta H = C \Delta T \dfrac{M}{W}$，就可求出溶解热 ΔH，于是直接测量的 ΔT、W 的误差，就会传递给 ΔH。下面给出了误差传递的定量公式。通过间接测量结果误差的求算，可以知道哪个直接测量值的误差对间接测量结果影响最大，从而可以有针对性地提高测量仪器的精度，获得好的结果。

1. 系统误差的计算

设有函数 $y = F(x_1, x_2)$，其中 x_1, x_2 为可以直接测量的量。则

$$dy = \left(\frac{\partial y}{\partial x_1}\right)_{x_2} dx_1 + \left(\frac{\partial y}{\partial x_2}\right)_{x_1} dx_2$$

此为误差传递的基本公式。若 Δy、Δx_1、Δx_2 为 y、x_1、x_2 的测量误差，且设它们足够小，可以代替 dy、dx_1、dx_2，则得到具体的简单函数及其误差的计算公式，见表 1-2。

表 1-2 某些函数的误差传递公式

函数关系	最大绝对误差 Δy	最大相对误差 δ_r
$y = x_1 + x_2$	$\pm(|\Delta x_1| + |\Delta x_2|)$	$\pm\left(\dfrac{|\Delta x_1| + |\Delta x_2|}{x_1 + x_2}\right)$
$y = x_1 - x_2$	$\pm(|\Delta x_1| + |\Delta x_2|)$	$\pm\left(\dfrac{|\Delta x_1| + |\Delta x_2|}{x_1 - x_2}\right)$

续表

函数关系	最大绝对误差 Δy	最大相对误差 δ_r
$y = x_1 x_2$	$\pm(x_2|\Delta x_1| + x_1|\Delta x_2|)$	$\pm\left(\dfrac{|\Delta x_1|}{x_1} + \dfrac{|\Delta x_2|}{x_2}\right)$
$y = \dfrac{x_1}{x_2}$	$\pm\left(\dfrac{x_2|\Delta x_1| + x_1|\Delta x_2|}{x_2^2}\right)$	$\pm\left(\dfrac{|\Delta x_1|}{x_1} + \dfrac{|\Delta x_2|}{x_2}\right)$
$y = x^n$	$\pm(nx^{n-1}\Delta x)$	$\pm\left(n\dfrac{\Delta x}{x}\right)$
$y = \ln x$	$\pm\left(\dfrac{\Delta x}{x}\right)$	$\pm\left(\dfrac{|\Delta x|}{x\ln x}\right)$

2. 标准误差计算

若 $y = f(x_1, x_2)$，x_1、x_2 的标准误差分别为 σ_{x_1}、σ_{x_2}，则函数 y 的标准误差为

$$\sigma_y = \sqrt{\left(\dfrac{\partial y}{\partial x_1}\right)^2 \sigma_{x_1}^2 + \left(\dfrac{\partial y}{\partial x_2}\right)^2 \sigma_{x_2}^2}$$

部分函数的标准误差传递公式如表1-3所示。

表1-3 部分函数的标准误差传递公式

函数关系	绝对误差	相对误差
$y = x_1 \pm x_2$	$\pm\sqrt{\sigma_{x_1}^2 + \sigma_{x_2}^2}$	$\pm\dfrac{1}{|x_1 \pm x_2|}\sqrt{\sigma_{x_1}^2 + \sigma_{x_2}^2}$
$y = x_1 x_2$	$\pm\sqrt{x_2^2\sigma_{x_1}^2 + x_1^2\sigma_{x_2}^2}$	$\pm\sqrt{\dfrac{\sigma_{x_1}^2}{x_1^2} + \dfrac{\sigma_{x_2}^2}{x_2^2}}$
$y = \dfrac{x_1}{x_2}$	$\pm\dfrac{1}{x_2}\sqrt{\sigma_{x_1}^2 + \dfrac{x_1^2}{x_2^2}\sigma_{x_2}^2}$	$\pm\sqrt{\dfrac{\sigma_{x_1}^2}{x_1^2} + \dfrac{\sigma_{x_2}^2}{x_2^2}}$
$y = x^n$	$\pm nx^{n-1}\sigma_x^2$	$\pm\dfrac{n}{x}\sigma_x$
$y = \ln x$	$\pm\dfrac{\sigma_x}{n}$	$\pm\dfrac{\sigma_x}{x\ln x}$

三、有效数字及科学计数法

1. 有效数字

在科学与工程中，任何测量结果或计算的量，总是表现为数字，而这些数字就代表了所测量物理量的近似值。究竟对这些近似值应该取多少位数合适呢？应根据测量仪表的精度来确定，一般应记录到仪表最小刻度的十分之一位。该位数值为仪器最小刻度以内的估计值，称为可疑值，其他几位为准确值，这样一个数字称为有效数字，它的位数不可随意增减。

例如：普通50mL的滴定管，最小刻度为0.1mL，则记录26.55mL是合理的；记录26.5mL和26.556mL都是错误的，因为它们分别缩小和夸大了仪器的精确度。

例如：某液面计标尺的最小分度为1mm，则读数可以到0.1mm。如在测定时液位高在刻度524mm与525mm的中间，则应记液面高为524.5mm，其中前三位是直接读出的，是

准确的，最后一位是估计的，是欠准的，该数据为 4 位有效数。如液位恰在 524mm 刻度上，该数据应记为 524.0mm，若记为 524mm，则失去一位（末位）欠准数字。当液位高度为 524.5mm 时，最大误差为 ±0.5mm，也就是说误差为末位的一半。

总之，有效数字中有且仅有一位（末位）欠准数字。

2. 科学记数法

为了方便地表达有效数字位数，一般用科学记数法记录数字，即将有效数字写出并在第一位数后加小数点，而数值的数量级由 10 的整数幂来确定，这种以 10 的整数幂来记数的方法称科学记数法。

例如 0.000567 可写为 5.67×10^{-4}，有效数字为三位；10680 可写为 1.0680×10^{4}，有效数字是五位，如此等等。紧接小数点后用来表达小数点位置的零不计入有效数字位数。

3. 有效数字的运算

在间接测量中，需通过一定公式将直接测量值进行运算，运算中对有效数字位数的取舍应遵循如下规则：

① 误差一般只取一位有效数字，最多两位。

② 有效数字的位数越多，数值的精确度也越大，相对误差越小。

例如：(1.35 ± 0.01)m，三位有效数字，相对误差 0.7%。

例如：(1.3500 ± 0.0001)m，五位有效数字，相对误差 0.007%。

③ 若第一位的数值等于或大于 8，则有效数字的总位数可多算一位，如 9.23 虽然只有三位，但在运算时，可以看作四位。

④ 运算中舍弃过多不定数字时，应用"4 舍 6 入，逢 5 尾留双"的法则，如有下列两个数值：9.435、4.685，整化为三位数，根据上述法则，整化后的数值为 9.44 与 4.68。

⑤ 在加减运算中，各数值小数点后所取的位数，以其中小数点后位数最少者为准。

例如：　　56.38+17.889+21.6=56.4+17.9+21.6=95.9

⑥ 在乘除运算中，各数值保留的有效数字，应以其中有效数字最少者为准。例如：
$$1.436\times0.020568\div85$$

其中 85 的有效数字最少，由于首位是 8，所以可以看成三位有效数字，其余两个数值也应保留三位，最后结果也只保留三位有效数字。即：

$$\frac{1.44\times0.0206}{85}=3.49\times10^{-4}$$

⑦ 在乘方或开方运算中，结果可多保留一位。

⑧ 对数运算时，对数中的首数不是有效数字，对数的尾数的位数，应与各数值的有效数字相当。例如：

　　　　$[H^+]=7.6\times10^{-4}$　　　　　　pH=3.12　　　　（2 位有效数字）

　　　　$K=3.4\times10^9$　　　　　　　　lg$K$=9.35　　　　（2 位有效数字）

⑨ 算式中，常数 π，e 及某些取自手册的常数，如阿伏伽德罗常数、普朗克常数等，不受上述规则限制，其位数按实际需要取舍。

四、数据处理

物理化学实验数据的表示法主要有如下三种方法：列表法、作图法和数学方程式法。

1. 列表法

将实验数据列成表格，排列整齐，使人一目了然。它显示了各变量之间的对应关系，反映变量之间的变化规律，是描绘曲线的基础。这是数据处理中最为简单的方法，列表时应注意以下几点。

① 表格要有简明而又完备的名称。

② 每行（或列）的开头一栏都要列出物理量的名称和单位，并把二者表示为相除的形式。因为物理量的符号本身是带有单位的，除以它的单位，即等于表中的纯数字。

③ 数字要排列整齐，小数点要对齐，公共的乘方因子应写在开头一栏与物理量符号相乘的形式，并为异号。

④ 表格中表达的数据顺序为：由左到右，由自变量到因变量，可以将原始数据和处理结果列在同一表中，但应以一组数据为例，在表格下面列出算式，写出计算过程。

2. 作图法

作图法可更形象地表达出数据的特点，如极大值、极小值、拐点等，并可进一步用图解求积分、微商、外推值、内插值。作图应注意如下几点。

① 图要有图名。

② 要用市售的正规坐标纸，并根据需要选用坐标纸种类：直角坐标纸、三角坐标纸、半对数坐标纸、对数坐标纸等。物理化学实验中一般用直角坐标纸，只有三组分相图使用三角坐标纸。

③ 在直角坐标中，一般以横轴代表自变量，纵轴代表因变量，在轴旁需注明变量的名称和单位（二者表示为相除的形式），10 的幂次以相乘的形式写在变量旁，并为异号。

④ 适当选择坐标比例，以表达出全部有效数字为准，即最小的毫米格内表示有效数字的最后一位。每厘米格代表 1、2、5 为宜，切忌 3、7、9。如果作直线，应正确选择比例，使直线呈 45°倾斜为好。

⑤ 坐标原点不一定选在零，应使所作直线与曲线匀称地分布于图面中。在两条坐标轴上每隔 1cm 或 2cm 均匀地标上所代表的数值，而图中所描各点的具体坐标值不必标出。

⑥ 描点时，应用细铅笔将所描的点准确而清晰地标在其位置上，可用○、△、□、×等符号表示，符号总面积表示了实验数据误差的大小，所以不应超过 1mm 格。同一图中表示不同曲线时，要用不同的符号描点，以示区别。

⑦ 作曲线时，应尽量多地通过所描的点，但不要强行通过每一个点。对于不能通过的点，应使其等量地分布于曲线两边，且两边各点到曲线的距离之平方和要尽可能相等。描出的曲线应平滑均匀。

⑧ 图解微商。图解微商的关键是作曲线的切线，而后求出切线的斜率值，即图解微商值。作曲线的切线可用如下两种方法。

a. 镜像法。取一平面镜，使其垂直于图面，并通过曲线上待作切线的点 P（图 1-4），然后让镜子绕 P 点转动，注意观察镜中曲线的影像，当镜子转到某一位置，使得曲线与其影像刚好平滑地连为一条曲线时，过 P 点沿镜子作一直线即为 P 点的法线，过 P 点再作法线的垂线，就是曲线上 P 点的切线。若无镜子，可用玻璃棒代替，方法相同。

b. 平行线段法。如图 1-5 所示，在选择的曲线段上作两条平行线 AB 及 CD，然后连接 AB 和 CD 的中点 PQ 并延长相交曲线于 O 点，过 O 点作 AB、CD 的平行线 EF，则 EF 就是曲线上 O 点的切线。

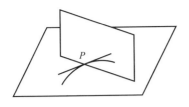

图 1-4 镜像法示意图

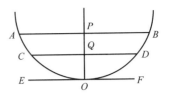

图 1-5 平行线段法示意图

3. 数学方程式法

将一组实验数据用数学方程式表达出来是最为精练的一种方法。它不但方式简单而且便于进一步求解，如积分、微分、内插等。此法首先要找出变量之间的函数关系，然后将其线性化，进一步求出直线方程的系数斜率 m 和截距 b，即可写出方程式。也可将变量之间的关系直接写成多项式，通过计算机曲线拟合求出方程系数。

求直线方程系数一般有以下三种方法。

(1) 图解法 将实验数据在直角坐标纸上作图，得一直线，此直线在 y 轴上的截距即为 b 值（横坐标原点为零时）；直线与轴夹角的正切值即为斜率 m。或在直线上选取两点（此两点应远离）(x_1, y_1) 和 (x_2, y_2)。则

$$y = mx + b$$

$$m = \frac{\Delta y}{\Delta x} = \frac{y_2 - y_1}{x_2 - x_1} \qquad b = \frac{y_1 x_2 - y_2 x_1}{x_2 - x_1}$$

(2) 平均法 若将测得的 n 组数据分别代入直线方程式，则得 n 个直线方程

$$y_1 = mx_1 + b$$

$$y_2 = mx_2 + b$$

$$\vdots$$

将这些方程分成两组，分别将各组的 x，y 值累加起来，得到两个方程

$$\sum_{i=1}^{k} y_i = m \sum_{i=1}^{k} x_i + kb$$

$$\sum_{i=k+1}^{n} y_i = m \sum_{i=k+1}^{n} x_i + (n-k)b$$

解此联立方程，可得 m，b 值。

(3) 最小二乘法 这是最为精确的一种方法，它的根据是使误差平方和为最小，对于直线方程：

令 $\Delta = \sum_{i=1}^{n}(mx_i + b - y_i)^2$ 为最小

根据函数极值条件，应有

$$\frac{\partial \Delta}{\partial b} = 0 \qquad \frac{\partial \Delta}{\partial m} = 0$$

于是得方程

$$2\sum_{i=1}^{n}x_i(mx_i+b-y_i)=0$$

$$2\sum_{i=1}^{n}(mx_i+b-y_i)=0$$

即

$$nb+m\sum x_i=\sum y_i$$
$$b\sum x_i+m\sum x_i^2=\sum x_iy_i$$

解此联立方程得：

$$m=\frac{n\sum x_iy_i-\sum x_i\sum y_i}{n\sum x_i^2-(\sum x_i)^2}$$

$$b=\frac{\sum y_i}{n}-\frac{m\sum x_i}{n}$$

此过程即为线性拟合或称线性回归。由此得出的 y 值称为最佳值。

最小二乘法是假设自变量 x 无误差或 x 的误差比 y 小得多，可以忽略不计。与线性回归所得数值比较，y 的误差如下，σ_y 越小，回归直线的精度越高。

$$\sigma_y=\sqrt{\frac{\sum(mx_i+b-y_i)^2}{n-2}}$$

关于相关系数的概念：此概念出自误差的合成，用以表达两变量之间的线性相关程度，表达式为：

$$R=\frac{\sum(x_i-\overline{x})(y_i-\overline{y})}{\sqrt{\sum(x_i-\overline{x})^2\sum(y_i-\overline{y})^2}}$$

R 的取值应为 $-1\leqslant R\leqslant+1$。当两变量线性相关时，R 等于 ±1；两变量各自独立，毫无关系时，$R=0$；其他情况均处于 $+1$ 和 -1 之间。

五、Excel 在物理化学实验数据处理中的应用

1. 实验数据满足线性关系 $y=mx+b$ 时求得 m 和 b 的方法

例1 在铜线含碳量对于电阻变化的研究中，通过试验得到了一组数据，如表1-4所示，求 y 关于 x 的线性方程表达式。

表1-4 铜线不同含碳量的电阻试验数据

含碳量 $x/\%$	0.10	0.30	0.40	0.55	0.70	0.80	0.95
电阻 $y/\mu\Omega$	15.0	18.0	19.0	21.0	22.6	23.8	26.0

解 ① 直接调用函数 LINEST 法。调用函数 LINEST，可同时获得斜率 m 和截距 b 两参数。选择单元格 B6，在此单元格内调用函数 LINEST，选择数据及相关设置，直接得到斜率值 $m=12.55$。若要得到截距 b，则需选中 B6：C6 相邻的两个单元格，按 F2，再按 Ctrl+Shift+Enter，在单元格 C6 中显示的是截距 $b=13.96$［如图 1-6(a) 和 (b) 所示］。

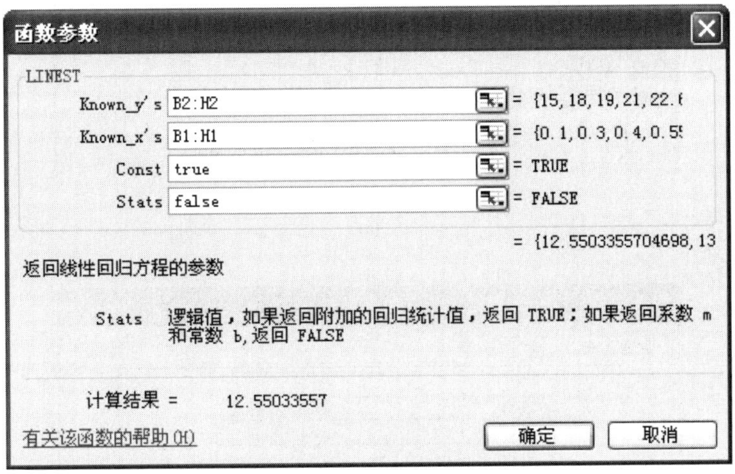

(a) 直接调用函数 LINEST 法求斜率

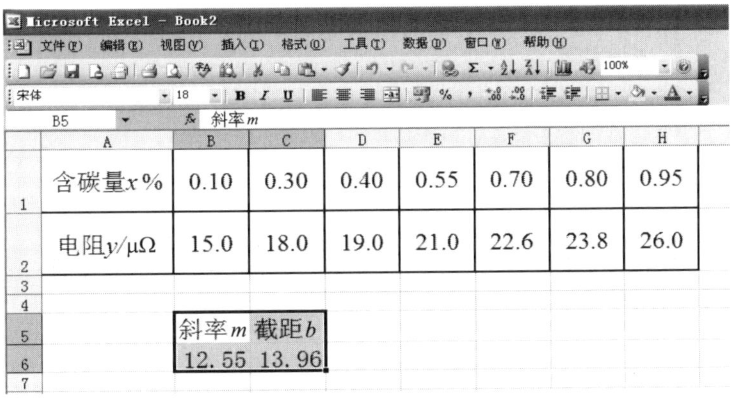

(b) 直接调用函数 LINEST 法求截距

图 1-6　直接调用函数 LINEST 法

得：$y=12.55x+13.96$

② 作图-添加趋势线法。利用图表向导作图，选择散点图形式，作图后选择数据点，添加趋势线-线性-设置选项卡中内容，如图 1-7(a)～(f) 所示。

得：$y=12.55x+13.96$

y 与 x 的线性关系如图 1-8 所示。

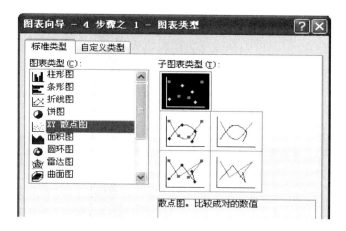

(a)

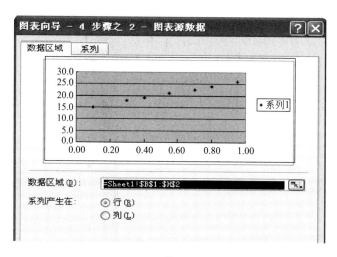

(b)

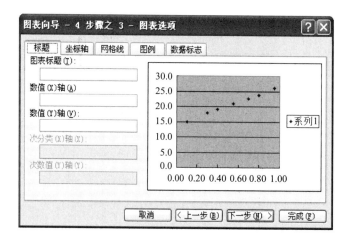

(c)

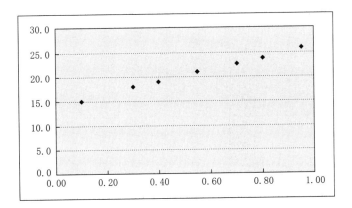

(d)

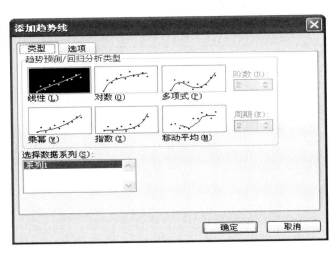

(e)

(f)

图 1-7　作图-添加趋势线法

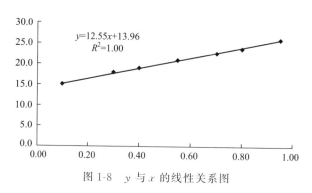

图 1-8　y 与 x 的线性关系图

2. 标准工作曲线的建立及使用

例 2　72 型分光光度计测得某试样的吸收值如表 1-5 所示，求在 435，445，455，465 和 475 处的吸收值。

表 1-5　某试样在不同波长时的吸收值

λ/nm	430	440	450	460	470	480
A	0.410	0.375	0.325	0.280	0.240	0.205

解　获得参数，编辑公式计算法。

步骤：

① 利用前面的方法得到线性方程的两个参数 $m=-0.004$、$b=2.223$。

则波长（λ）与吸收值间的关系为 $A=-0.004\lambda+2.223$

② 在第六行的 B6：F6 单元格输入插值的数据，第七行的 B7 单元格输入表达式 "=\$E\$4*B6+\$F\$4"，回车，得 0.390（两参数的单元格位置选用绝对引用）。

③ 利用快速填充柄得到 C7：F7 数据，完成插值，如图 1-9 所示。

	A	B	C	D	E	F	G
1	λ/nm	430	440	450	460	470	480
2	A	0.410	0.375	0.325	0.280	0.240	0.205
3		一元线性方程：$A=m\lambda+b$			m	b	
4					-0.004	2.223	
5							
6	λ/nm	435	445	455	465	475	
7	A	0.390	0.348	0.306	0.264	0.222	

图 1-9　利用快速填充柄得到 C7：F7 数据

3. 曲线上各点斜率的计算

例 3　对于化学反应 $N(CH_3)_3 + CH_3CH_2CH_2Br \longrightarrow (CH_3)_3(C_3H_7)N^+ + Br^-$，反应物起始浓度均为 $0.1\,mol \cdot L^{-1}$，在 412.6K 下反应，其浓度消耗量与时间的数据如表 1-6 所示。

① 计算在 1000s，2000s，3000s，4000s，5000s，6000s 时的化学反应速率；

② 判断反应是二级还是一级。

表 1-6　反应物浓度消耗量与时间的关系

时间 t/s	780	2040	3540	7200
浓度消耗量 x/mol·L^{-1}	0.0112	0.0257	0.0367	0.0552

解　分析：对于具有简单级数的反应，判断反应级数可以通过尝试法代入简单级数反应

速率方程进行，也可通过绘制浓度-时间曲线，获得一系列瞬时反应速率，以 lnr-lnc 作图，通过直线的斜率获得反应级数。根据题意可以使用第二种方法进行处理。

浓度-时间曲线图的关系式可使用二次多项式回归，即 $x=a_2t^2+a_1t+a_0$ 形式，可以通过对数据添加趋势线方程来获得，但三个参数不能直接显示在单元格中，不宜进行连续化处理。因此需要转换思维进行变量代换，令 $t^2=X_2$，$t=X_1$，这样可以转化为多元线性回归形式，使用 LINEST 函数来处理。

步骤：

① 依照前面的方法获得二次多项式的三个参数，如图 1-10 中单元格 E3：G3 所示。

② 根据"$x=c_0-c=-6.947\text{E}-10t^2+1.232\text{E}-05t+2.457\text{E}-03$"方程式，可知该曲线的切线方程式为 $r=\dfrac{\mathrm{d}x}{\mathrm{d}t}=-\dfrac{\mathrm{d}c}{\mathrm{d}t}=2a_2t+a_1=-1.389\times10^{-9}t+1.232\times10^{-5}$，以此获得 r 的数据。以 lnr-lnc 作图，通过调用函数 SLOPE，得到直线斜率即反应级数（单元格 E11），可判断该反应为 2 级。

③ 在相应单元格中输入计算的时间数据，利用计算公式完成各时间的瞬时速率的计算，如图 1-10 中单元格 B8：G8 所示。

	A	B	C	D	E	F	G
1	编号	时间（s）	(时间)^2	消耗量	二次多项式参数		
2	1	780	608400	0.0112		$x=a_2t^2+a_1t+a_0$	
3	2	2040	4161600	0.0257	−6.947E−10	1.232E−05	2.457E−03
4	3	3540	12531600	0.0367			
5	4	7200	51840000	0.0552			
6	计算公式：	$r=\dfrac{\mathrm{d}x}{\mathrm{d}t}=-\dfrac{\mathrm{d}c}{\mathrm{d}t}=2a_2t+a_1=-1.389\times10^{-9}t+1.232\times10^{-5}$					
7	时间 t/s	1000	2000	3000	4000	5000	6000
8	速率 $r/\text{mol}\cdot\text{L}^{-1}\cdot\text{s}^{-1}$	1.093E−05	9.537E−06	8.148E−06	6.758E−06	5.369E−06	3.980E−06
9							
10	斜率-速率	lg$r$	浓度	lg$c$	直线斜率		
11	1.123E−05	−4.9495397	0.0888	−1.0516	2.3716		
12	9.481E−06	−5.0231232	0.0743	−1.1290			
13	7.397E−06	−5.1309174	0.0633	−1.1986			
14	2.312E−06	−5.6359339	0.0448	−1.3487			

图 1-10 各时间瞬时速率的计算

第三节　实验室安全与防护

在化学实验室里，安全是极其重要的，因为它常常潜藏着诸如发生爆炸、着火、中毒、灼伤、割伤、触电等事故的危险性，如何防止这些事故的发生以及万一发生又如何来急救，是每一个化学实验工作者所必备的基本素质。下面主要介绍物理化学实验室的安全知识及防护。

一、安全用电

违章用电常常可能造成人身伤亡、火灾、仪器设备损坏等严重事故。物理化学实验室涉及的电器很多，因而要特别注意用电安全，主要注意以下几方面。

1. 防止触电

在接触电器时双手要保持干燥。定期检查电源是否存在老化破损等问题，如有裸露应进行绝缘处理。所有电器的金属外壳都应接上地线。实验时，首先连接好电路，再接通电源。实验结束时，先切断电源，再拆线路。修理或安装电器时，应先切断电源，防止触电和电器短路。使用高压电源应有专门的防护措施，不能用试电笔去试高压电。如有人触电，应迅速切断电源，然后进行抢救。

2. 防止火灾发生

使用的保险丝要与实验室允许的用电量相符。电线的安全通电量应大于用电功率。继电器工作和开关电闸时，易产生电火花，要特别小心。电器接触点（如电插头）接触不良时，应及时修理或更换。如遇电线起火，应立即切断电源，用沙、二氧化碳灭火器或四氯化碳灭火器灭火，禁止用水或酸碱泡沫灭火器等导电液体灭火。

3. 防止短路

线路中各接点应牢固，电路元件两端接头不要互相接触，以防短路。电线、电器不要被水淋湿或浸在导电液体中，例如实验室加热用的灯泡接口不要浸在水中。

4. 电器仪表的安全使用

在使用前，要正确认识交流电还是直流电，是三相电还是单相电，以及电压的大小（380V、220V、110V或6V），弄清电器功率是否符合要求及直流电器仪表的正、负极。仪表量程应大于待测量。若待测量大小不明时，应从最大量程开始测量。实验之前要检查线路连接是否正确。经教师检查同意后方可接通电源。在电器仪表使用过程中，如发现有不正常声响，局部升温或嗅到绝缘漆过热产生的焦味，应立即切断电源，并报告教师进行检查。

二、使用化学药品的安全防护

1. 防毒

实验前，应了解所用药品的毒性及防护措施。操作有毒气体应在通风橱内进行。苯、萘、四氯化碳、乙醚等的蒸气会引起中毒。它们虽有特殊气味，但久嗅会使人嗅觉减弱，所以应在通风良好的情况下使用。有些药品（如苯、有机溶剂、汞等）能透过皮肤进入人体，应避免与皮肤接触。实验室内严禁喝水、吃东西、带入饮食用具，离开实验室及饭前要洗净双手。

2. 防爆

可燃气体与空气混合，当两者比例达到爆炸极限时，受到热源（如电火花）的诱发，就会引起爆炸。如环己烷蒸气与空气形成爆炸性混合物，爆炸极限 1.3%～8.3%（体积分数），遇明火、高热极易燃烧爆炸。因而实验中要保持室内通风良好，严禁使用明火，同时防止发生电火花及其他撞击火花。

3. 防火

物理化学实验室用到的有机溶剂如乙醇、丙酮、乙酸乙酯等属于易燃品，使用这些试剂时要远离火源。实验室一旦发生火灾，不要惊慌，应首先切断电源，使用灭火器或沙子灭火。根据起火的原因选择不同的灭火方法，以下几种情况不能用水灭火。

① 金属钠、钾、镁、铝粉、电石、过氧化钠着火，应用干沙灭火。
② 比水轻的易燃液体，如汽油、苯、丙酮等着火，可用泡沫灭火器。
③ 有灼烧的金属或熔融物的地方着火时，应用干沙或干粉灭火器。
④ 电器设备或带电系统着火，可用二氧化碳灭火器或四氯化碳灭火器。

4. 防灼伤

强酸、强碱、强氧化剂、苯酚、冰醋酸等都会腐蚀皮肤，要特别防止溅入眼内。液氧、液氮等低温也会严重灼伤皮肤，使用时要小心。万一灼伤应及时治疗。

5. 防止汞污染

由于汞在物理化学实验室的应用比较普遍，如气压计、水银温度计、甘汞电极、硝酸亚汞溶液等，因而要防止发生汞污染。在实验中，要尽量避免因水银温度计以及甘汞电极的人为破坏而造成汞污染。若有汞掉落在桌面或地面上，应用吸汞管尽可能将汞珠收集起来，并用硫黄覆盖其洒落的地方。硝酸亚汞与还原剂、可燃物或金属粉末等混合可形成爆炸性混合物，经摩擦、震动或撞击可引起火灾或爆炸，因而要妥善保管。在使用硝酸亚汞溶液时，要戴手套，并防止液体洒落。

三、高压气体钢瓶的使用

1. 气体钢瓶放置要求

使用气瓶主要的危险是气瓶可能爆炸和漏气。气体钢瓶要直立使用，且应放在阴凉、干燥、远离热源（如阳光、暖气等）的地方，并将气瓶固定在稳固的支架、实验桌或墙壁上，防止外来的撞击和意外翻倒。易燃气体钢瓶应放在有通风及报警装置的气瓶柜中。

2. 使用时要安装减压阀（表）

气体钢瓶使用时要通过减压表使气体压力降至实验所需范围。安装减压表前应确定其连接尺寸是否与气瓶接头相符，接头处需用专用垫圈。一般可燃性气体气瓶接头的螺纹是反向的左牙纹，不燃性和助燃性气体气瓶接头的螺纹是正向的右牙纹。各类减压表不得混用。减压表都装有安全阀，它是保护减压表安全使用的装置。减压表的安全阀应调节到接收气体的系统和容器的最大工作压力。

3. 操作规范

① 气瓶需要搬运或移动时，应撤出减压表，旋上瓶帽，使用专门的气瓶搬移车。

② 气瓶开启使用前，应先检查接头连接处和管道是否漏气，确认无误后方可继续使用。

③ 使用钢瓶时，操作者应站在减压表接管的另一侧，缓缓打开钢瓶上端阀门，经减压表减压，不能猛开阀门，也不能将钢瓶内的气体全部用完，要留下一些气体，一般应留有不低于 0.05MPa 的残留压力。

④ 开关高压气瓶瓶阀时，应用手或专门扳手，不得随便使用凿子、钳子等工具硬扳，以防损坏瓶阀。

⑤ 因为高压氧气与油脂相遇会引起燃烧，所以氧气瓶及其专用工具严禁与油类接触，氧气瓶附近也不得有油类存在，操作者必须将手洗干净，绝对不能穿、用沾有油脂或油污的工作服、手套或用油手操作。

⑥ 氧气瓶使用时发生漏气，不可用麻、棉等去堵漏，以防燃烧引起事故。

第二部分 物理化学基础实验

实验 1 恒温槽的性能测试

【目的要求】

① 了解恒温槽的构造及恒温原理。
② 学会绘制恒温槽的灵敏度曲线（温度-时间曲线）。
③ 学会分析恒温槽的性能。

【基本原理】

在物理化学实验中所测得的数据，如折射率、黏度、蒸气压、表面张力、电导、化学反应速率常数等都与温度有关，所以许多物理化学实验必须在恒温下进行，通常用恒温槽来控制温度，维持恒温。恒温槽一般由浴槽（玻璃缸）、加热器、搅拌器、温度传感器（感温元件）、恒温控制器（温控器）等部分组成。目前物理化学实验室中常用的恒温槽为 SYP-Ⅲ 玻璃恒温水浴（见图 2-1），现将构成恒温槽的主要部分介绍如下。

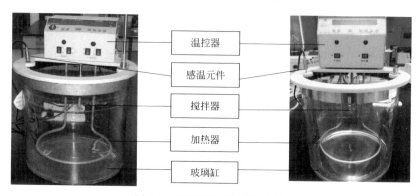

图 2-1 SYP-Ⅲ 玻璃恒温水浴

① 浴槽：通常采用玻璃缸，以利于观察，其容量和形状视需要而定。物理化学实验一般采用大于 10L 的圆形玻璃缸。浴槽内的液体一般采用蒸馏水。恒温超过 100℃时可采用液体石蜡或甘油等。

② 加热器：常用的是电热器。根据恒温槽的容量、恒温温度以及与环境的温差大小来选择电热器的功率。如容量 20L、恒温 25℃的较大型恒温槽，为了提高恒温的效率和精度，一般用可变换功率的加热元件加热，开始时用大功率加热，当温度接近设定的值时，再切换成小功率加热来维持恒温。

③ 搅拌器：一般采用可调速的电动搅拌器来调节搅拌速度。

④ 感温元件：与恒温槽温控器后面板的传感器接口连接，用于温度的测量和控制。它是恒温槽的感觉中枢，是提高恒温槽精度的关键所在。

⑤ 温控器：恒温槽之所以能维持恒温，主要是依靠恒温控制器来控制恒温槽的热平衡。当恒温槽因对外散热而使水温降低时，恒温控制器就使恒温槽内的加热器工作，待加热到所需温度时，它又使加热器停止加热，从而使槽温保持恒定。

由于恒温槽的温度控制装置属于"通""断"类型，当加热器接通或断开后，传热质（介质）温度上升或下降并传递给温度传感器时，常出现温度传递滞后，造成恒温槽控制的温度有一个波动范围，而不是控制在某一固定不变的温度；恒温槽内各处的温度也会因搅拌效果的优劣而不同，控制温度的波动范围越小，各处的温度越均匀，恒温槽的灵敏度越高。

灵敏度是衡量恒温槽性能的主要标志，它受温度传感器、搅拌效率、加热器的功率、介质、恒温槽的热容等因素的影响。为了提高恒温槽的灵敏度，在设计恒温槽时要注意以下几点。

① 恒温槽的热容要大些，介质的热容越大越好。

② 尽可能加快电热器与温度传感器间传热的速度。为此要使温度传感器的热容尽可能小，温度传感器与电热器间距离要近一些；搅拌器效率要高。

③ 调节温度用的加热器功率要小些。

④ 环境温度与设定温度的差值越小，控温效果越好。

恒温槽灵敏度的测定是在指定温度下，观察温度的波动情况。用较灵敏的温度传感器，记录温度随时间的变化。若 t_1 为恒温过程中水浴的最高温度，t_2 为恒温过程中水浴的最低温度，恒温槽的灵敏度 t_e 为：

$$t_e = \pm \frac{t_1 - t_2}{2} \tag{2-1}$$

灵敏度常以温度为纵坐标，以时间为横坐标，绘制成温度-时间曲线（见图 2-2）来表

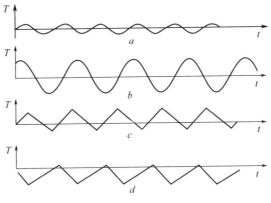

图 2-2 恒温槽温度-时间曲线

示。图中曲线 a 表示恒温槽灵敏度较高；b 表示恒温槽灵敏度较差；c 表示加热器功率太大；d 表示加热器功率太小或散热太快。b、c、d 均灵敏度较低。

【仪器与试剂】

SYP-Ⅲ玻璃恒温水浴1套［包括玻璃缸（容量15L或视需要而定）1个、温度传感器（感温元件）1支、搅拌器（功率视需要而定）1台、温控器1台、加热器（功率视需要而定）1支］。

【实验步骤】

① 检查实验设备、仪器、试剂是否完好齐全。

② 将蒸馏水注入玻璃缸至容积的 3/4～4/5 处。将温度传感器一端插入玻璃缸塑料盖预置的孔内，另一端与温控器后面板的传感器接口连接。

③ 将温控器的温度控制开关置于"OFF"，水搅拌开关置于"关"，加热器开关置于"关"。用所给电源线一头与温度控制器后面板的"电源插座"连接，另一头与电源插座连接。

④ 将温控器开关置于"ON"，按 置数/工作 键使置数灯亮，然后依次按 ×10 、 ×1 、 ×0.1 、 ×0.01 键，使设定温度为25.00℃；按 ▲ ▼ 键设置报警时间为60s，最后按 置数/工作 键切换至工作灯亮。

⑤ 将水搅拌开关置于"开"，"快慢"挡置于"快"挡；加热器开关置于"开"，"强弱"挡置于"强"挡，当温度接近设定温度2～3℃时，置于"弱"挡（注意：该操作视仪器不同而略有不同）。

⑥ 温度达到设定温度后，每当听到蜂鸣警报响时，记录时间和实时温度。共记录30min的时间和温度。

⑦ 用上述方法测定并记录30℃恒温时的温度和时间。

⑧ 实验结束时，先将水搅拌开关置于"关"，加热器开关置于"关"，再将温控器开关置于"OFF"，拔掉电源插座，取出温度传感器。

【注意事项】

① 为了减少恒温槽内介质与感温元件之间传质、传热速度对温度均一性的影响，水搅拌"快慢"挡要始终置于"快"挡。

② 当恒温槽温度接近设定温度2～3℃时，加热"强弱"应立即置于"弱"挡，以免温度过冲。

③ 务必注意加热时，使工作灯点亮，置数灯亮时加热器不工作。

【数据记录与处理】

① 将实验数据准确无误地记录在表2-1中，表中 t 表示时间，T_1 表示设定温度为25℃时的实时温度，T_2 表示设定温度为30℃时的实时温度。

② 计算恒温槽的灵敏度。

③ 以温度为纵坐标，时间为横坐标，绘制温度-时间曲线，并分析恒温槽的性能。

室温：_____℃　　　　大气压：_____kPa

表 2-1　温度与时间关系

t/s												
$T_1/℃$												
$T_2/℃$												
t/s												
$T_1/℃$												
$T_2/℃$												

【思考题】

① 对于提高恒温槽的灵敏度，可从哪些方面进行改进？

② 如果所需恒定的温度低于室温，如何装备恒温槽？

实验 2 燃烧热的测定

【目的要求】

① 通过萘燃烧热的测定，了解氧弹式量热计各主要部件的作用，掌握燃烧热的测定技术。
② 了解恒压燃烧热与恒容燃烧热的差别及相互关系。
③ 学会应用雷诺图解法校正温度改变值。

【基本原理】

一定温度（反应物和产物的温度相同），只做体积功的条件下，化学反应吸收或放出的热，称为该过程的热效应（或反应热）。

燃烧热是指一定量的物质完全燃烧时所放出的热量（热效应）。在恒容条件下测得的燃烧热称为恒容燃烧热（Q_V），根据热力学第一定律，恒容燃烧热等于这个过程的内能变化（ΔU）。在恒压条件下测得的燃烧热称为恒压燃烧热（Q_p），恒压燃烧热等于这个过程的热焓变化（ΔH）。若把参加反应的气体和反应生成的气体作为理想气体处理，则有下列关系式：

$$\Delta H = \Delta U + \Delta nRT \tag{2-2}$$

或

$$Q_p = Q_V + \Delta nRT \tag{2-3}$$

式中，Δn 为反应前后生成物和反应物中气态物质的物质量之差；R 为摩尔气体常数；T 为反应的绝对温度。

热量是一个很难测定的物理量，热量的传递往往表现为温度的改变，而温度却很容易测量。如果有一种仪器，已知它每升高 1℃（或 K）所需的热量（即热容），那么，我们就可在这种仪器中进行燃烧反应，只要观察到所升高的温度，就可知燃烧放出的热量。根据这一热量，我们便可求出物质的燃烧热。测量燃烧热原理是能量守恒定律，即样品完全燃烧放出的能量使量热计本身及其周围介质（本实验用水）温度升高，测量介质燃烧前后温度的变化，就可计算该样品的燃烧热。本实验燃烧热是在恒容情况下测定的。

本实验用标准物质法（采用氧弹式量热计）来测量量热计的热容，即确定仪器的水当量 $W_卡$。这里所说的标准物质为苯甲酸，其恒容燃烧时放出的热量为 26460 J·g^{-1}。实验中将苯甲酸压片，准确称量并扣除燃烧丝（即电阻丝）的质量后，与其恒容燃烧热的乘积即为所用苯甲酸完全燃烧放出的热量。燃烧丝燃烧时放出的热量与苯甲酸完全燃烧放出热量的总和一并传给量热计，使其温度升高。根据能量守恒原理，物质燃烧放出的热量全部被氧弹及周围的介质等所吸收，得到温度的变化为 ΔT，利用式(2-4)可计算出量热计的水当量。

$$mQ_V + Q_{燃烧丝}(l_{燃烧丝} - l'_{燃烧丝}) = W_卡 \Delta T \tag{2-4}$$

式中，m 为苯甲酸（或待测物质）的质量，g；Q_V 为苯甲酸（或待测物质）的恒容燃烧热，J·g^{-1}；$Q_{燃烧丝}$ 为燃烧丝的燃烧系数，J·cm^{-1}；$l_{燃烧丝}$ 为燃烧丝点燃前的长度，cm；$l'_{燃烧丝}$ 为燃烧丝点火后的长度，cm；ΔT 为反应后量热计中温度上升的差值，K；$W_卡$ 为量热计常数，是量热计（包含量热计中的水）每升高 1K 所吸收的热量，即水当量，J·K^{-1}。求出量热计的水当量以后，再利用上式就可以测定萘完全燃烧时的恒容燃烧 ΔU。测得 ΔU，由式(2-2)即可计算 ΔH。

氧弹式量热计的实验装置见图 2-3(a)，其中氧弹是一个特制的不锈钢容器[见图 2-3(b)]。为了保证苯甲酸（或待测物质）能够完全燃烧，氧弹中应充以高压氧气（或者其他氧化剂），还必须使燃烧后放出的热量尽可能全部传递给量热计本身和其中盛放的水，而几乎不与周围环境发生热交换。

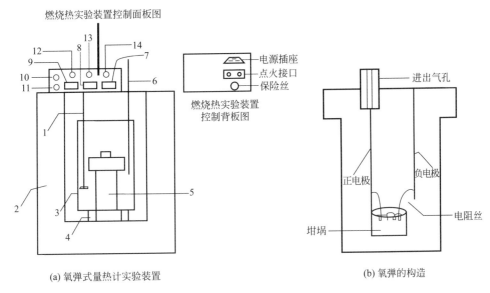

(a) 氧弹式量热计实验装置　　　　　　　　(b) 氧弹的构造

图 2-3　仪器装置示意图

1—搅拌棒；2—外筒；3—内筒；4—垫脚；5—氧弹；6—传感器；7—点火按键；8—电源开关；9—搅拌开关；10—点火输出负极；11—点火输出正极；12—搅拌指示灯；13—电源指示灯；14—点火指示灯

系统除样品燃烧放出热量引起系统温度升高以外，还有其他因素（可以是环境向量热计辐射进热量或做功，比如电功，而使其温度升高；也可以是由于量热计向环境辐射出热量而使量热计的温度降低），这些因素都需进行校正。而系统热漏必须经过雷诺图解法校正，校正方法如下。

称适量待测物质，使燃烧后水温升高 1.5~2.0℃（注意：预先调节水温低于环境 0.5~1.0℃），然后将燃烧前后历次观察的水温对时间作图，连成 $FHIDG$ 折线[图 2-4(a)]，

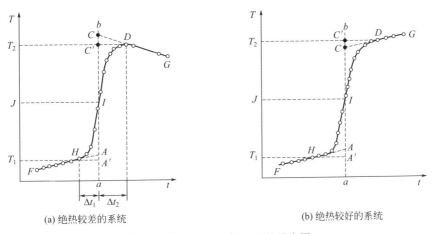

(a) 绝热较差的系统　　　　　　　　　　(b) 绝热较好的系统

图 2-4　雷诺图解法校正温差示意图

图中 H 相当于开始燃烧之点（温度 T_1），D 为观察到的最高温度读数点（温度 T_2），在环境温度读数点 J，即 $(T_1+T_2)/2$，作一平行线 JI 交折线于 I，过 I 点作垂线 ab，然后将 FH 线和 GD 线外延交 ab 于 A、C 两点。A 点与 C 点所表示的温度差即为欲求的温度升高值 ΔT。图中 AA' 为开始燃烧到温度上升至室温这一段时间 Δt_1 内，由环境辐射和搅拌引进的能量而造成量热计温度的升高，必须扣除之。CC' 为温度由室温升高到最高点 D 这一段时间 Δt_2 内，量热计向环境辐射出能量而造成量热计温度的降低，因此必须添加上。由此可见，AC 两点的温差比较客观地表示了由于样品燃烧前后系统温度的改变值。有时量热计的绝热情况良好，热漏小，而搅拌器功率大，不断引进少量能量使得燃烧后的最高点不出现[图 2-4(b)]，这种情况下 ΔT 仍然可以按照同法校正。

【仪器与试剂】

SHR-15 氧弹式量热计（带氧弹）1 台；SWC-Ⅱ$_D$ 精密数字温度温差仪 1 台；氧弹支架 1 个；泄气阀 1 个；氧气钢瓶（带减压阀）1 只；压片机 1 台；YCY-4 充氧器 1 台；万用电表 1 个；燃烧丝（镍 75%，铬 14%）若干；扳手 1 把；电子天平（公用）1 台；托盘天平（公用）1 台；小塑料盆（约 4000mL）1 个；量筒（1000mL，2000mL）各 1 个；直尺 1 个；研钵 2 个；电脑 1 台；打印机（公用）1 台。

苯甲酸（AR）；萘（AR）；冰。

【实验步骤】

1. 量热计水当量的测定（$W_卡$）

① 样品压片：压片机结构如图 2-5 所示。压片前先检查压片用钢模是否干净，否则应进行清洗并将其干燥。用托盘天平称取约 0.5g 苯甲酸（研磨成粉状），并用直尺准确量取长度为 15cm 左右（或量取现成）的燃烧丝一根，用电子天平准确称量并将其中间部分绕成螺旋状，置于压片机钢模的底板上，将钢模底板从底部装入模子中，从上面倒入预先粗称的苯甲酸样品，使样品粉末将燃烧丝浸埋，将压片机旋转手柄（螺杆）徐徐旋紧，稍用力使样品压成片状。放松螺杆，抽去模底的托板，再旋紧螺杆继续向下压，模底和样品一起脱落（用干净滤纸接住样品），除去样品表面和周围的粉末，将样品在电子天平上准确称量后供燃烧使用。

② 装置氧弹：拧开氧弹盖（图 2-6），并把氧弹盖放在氧弹支架上，将氧弹内壁擦干净。

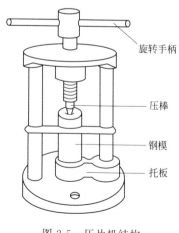

图 2-5 压片机结构

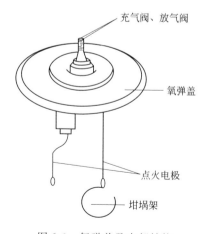

图 2-6 氧弹盖及内部结构

将样品苯甲酸放入坩埚内，把坩埚放在坩埚架上。然后将燃烧丝两端分别固定在氧弹中的两根电极上（切忌燃烧丝接触到铁坩埚），把氧弹盖放入弹杯中，用手拧紧。用万用电表测量氧弹上两电极是否通路（两极电阻约10Ω），如不通应打开氧弹重装，如通路即可充氧。

③ 充氧（图2-7）：将充氧器导管和阀门2的出气管相连；用扳手先打开阀门1（逆时针旋开，表1不小于3MPa），再渐渐打开阀门2（顺时针旋紧，表2为1.5MPa左右）；将氧弹放在充氧器上，弹头与充氧口相对，压下充氧器手柄，待充氧器上氧压表表压指示稳定后，即可松开手柄，充气完毕；关闭阀门2（逆时针旋松）。用万用电表再次测量氧弹两极是否通路，若通路可进行下一步实验（如果没有，必须放气重装）。

④ 苯甲酸的燃烧和温度的测量：打开精密数字温度温差仪的电源，并将其传感器插入外筒中测其温度。再用小塑料盆取适量自来水，测其温度，如温度偏高或相平则加冰调节水温使其低于外筒水温1℃左右。用量筒量取约3000mL已调好的水注入内筒，将氧弹放入量热计内筒中的固定座上，水面刚好盖过氧弹。如果氧弹盖四周无气泡漏出，则表明气密性良好；如有气泡逸出，说明氧弹漏气，寻找原因并排除。将电极插头插在氧弹两电极上，电极线嵌入外筒盖的槽中，盖上外筒盖子（注意：搅拌器不要与氧弹相碰）。将两电极插入点火控制箱（即点火接口），同时将传感器（探头）插入内筒水中（图2-8）。

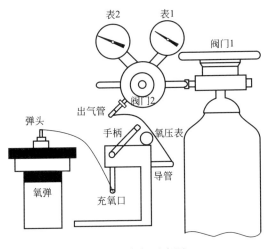

图2-7 充氧示意图

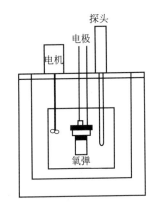

图2-8 量热计安装示意图

打开SHR-15氧弹式量热计的电源，开启搅拌开关［图2-3(a)］，进行搅拌［如配有电脑，此时需按电脑操作步骤中的"（1）①、②"进行操作］。水温基本稳定后，将温差仪"采零"并"锁定"［如配有电脑，此时需按电脑操作步骤中的"（1）③"进行操作］。"每隔1min读温差值一次（精确至±0.002℃），连续10次，直至水温有规律微小变化"（如配有电脑，电脑可自动记录数据，等10min量热计温度均匀即可）。按下氧弹式量热计上的"点火"按键，"点火灯"先亮后灭，表明弹杯内样品已经燃烧，水温很快上升，点火成功。"每15s记录一次温度，当温差变化至每分钟上升小于0.002℃（绘制的图线达到最高点），每隔1min读一次温度，连续读10个点"（如配有电脑，电脑可自动记录数据），停止实验［如配有电脑，此时需按电脑操作步骤中的"（1）④"进行操作］。

注意：水温没有上升，说明点火失败，应关闭搅拌器和电源，取出氧弹，放出氧气，仔细检查燃烧丝及连接线，找出原因并排除。

实验停止后，关闭搅拌器和电源（包括温差仪），将传感器放入外筒。打开外筒盖，取出氧弹，用泄气阀放掉氧弹内气体。旋下氧弹盖，检查氧弹坩埚内如有黑色残渣或未燃烧尽的样品微粒，说明燃烧不完全，此实验作废。如未发现这些情况，取下未燃烧的燃烧丝测其长度，计算实际燃烧丝的长度，将筒内水倒掉，即测好了一个样品〔如配有电脑，此时需按电脑操作步骤中的"（2）①、②、③、④"进行操作〕。

2. 测定萘的燃烧热

称取 0.6g 左右萘（研磨成粉状），同法进行上述实验操作一次〔如配有电脑，相应的需按电脑操作步骤中的"（3）①、②、③、④、⑤、⑥、⑦、⑧"进行操作〕。

3. 电脑操作步骤

注意：电脑中所有输入的值均为正值。

（1）曲线绘制

① 打开燃烧热 2.00 软件；根据实验装置选择对应装置，即点击"实验装置"菜单→选择"热量计1"；根据实验要求选择对应的操作窗口，即点击"窗口"菜单→选择"水当量曲线图"（切换到计算水当量的窗口下）。确定当前坐标系是否满足绘图的要求，如果不能，需重新设计坐标系，即点击"设置"菜单→选择"设置坐标系"进行设置。点击"设置"菜单→选择"串行口"——COM1（默认值）或 COM3、COM5、COM7（视不同电脑软件而定）。

② 点击"设置"菜单→选择"采样时间"——5s（默认值）。

③ 点击"操作"菜单→选择"开始绘图"（软件开始绘图）。

④ 点击"操作"菜单→选择"停止绘图"（软件停止绘图）。

（2）计算水当量

① 在"计算水当量"的窗口下，点击"操作"菜单→选择"温差校正"或"手动校正"（视不同电脑软件而定）。

② 在"计算结果"→"水当量"中输入：样品名称——苯甲酸，燃烧丝燃烧完的长度（cm），燃烧丝燃烧系数（$-J \cdot cm^{-1}$）——4.1，样品质量（g），助燃物热值（J）——0，样品恒容燃烧热（$-J \cdot g^{-1}$）——26460。

③ 点击"操作"菜单→选择"计算水当量"。

④ 点击"文件"菜单→选择"保存"（保存绘制的图形）（该步也可在全部实验结束后进行）。

（3）计算燃烧热

① 点击"窗口"菜单→选择"待测物曲线图"（切换到计算燃烧热的窗口下）。

② 点击"操作"菜单→选择"开始绘图"（软件开始绘图），等量热计温度均匀后（约10min），手工操作"SHR-15 氧弹式量热计"上的"点火"按钮点火。

③ 点击"操作"菜单→选择"停止绘图"（软件停止绘图）。

④ 点击"操作"菜单→选择"温差校正"或"手动校正"。

⑤ 在"计算结果"→"待测物质"中输入：样品名称——萘，燃烧丝燃烧完的长度（cm），燃烧丝燃烧系数（$-J \cdot cm^{-1}$）——4.1，样品质量（g），助燃物热值（J）——0，室内温度（℃），分子量——128，气体物质的量（Δn，mol）——2。

⑥ 点击"操作"菜单→选择"计算燃烧热"。

⑦ 点击"文件"菜单→选择"保存"（保存绘制的图形）。

⑧ 点击"文件"菜单→选择"打印"（打印数据和图形）。

【注意事项】

① 待测样品需干燥，受潮样品不易燃烧且称量有误。另外，样品按要求称取，不能过量。过量会产生过多热量，温度升高会超过设置的范围。

② 注意压片的紧实程度，不能过重或过轻，太紧不易燃烧，太松容易碎裂。

③ 燃烧丝应压入样品内，点火后样品才能充分燃烧，且燃烧丝两端不能与坩埚等相碰。

④ 点火后，温度急速上升，说明点火成功。若温度不变或有微小变化，说明点火没有成功或样品没充分燃烧，应检查原因并排除。如实验失败需要重新再做的话，应把氧弹从内筒中提出，打开放气阀，使其内部的氧气彻底排清，才能重新再做，否则开不了盖。

⑤ 精密数字温度温差仪"采零"或正式测量后必须"锁定"。

⑥ 往内筒中添水时，应注意避免把水溅湿氧弹的电极，使其短路。

【数据记录与处理】

室温：_____℃　　　　　　大气压：_____kPa

① 用图解法求出苯甲酸燃烧引起量热计温度变化的差值 ΔT_1（如配有电脑，温差校正后可直接给出），计算水当量 $W_卡$ 值（如配有电脑，电脑可直接算出）。

水的温度_____℃；　　　氧弹计外（壳套）筒温度_____℃

开始时：m（燃烧丝）＝　　　　　m（苯甲酸＋燃烧丝）＝

　　　　l（燃烧丝长度）＝

燃烧后：l'（燃烧丝长度）＝

燃烧掉的燃烧丝的长度：$l = l$（燃烧丝长度）$- l'$（燃烧丝长度）＝

样品的质量：m（苯甲酸＋燃烧丝）$- m$（燃烧丝）＝

燃烧丝燃烧系数：$-4.1 \text{J} \cdot \text{cm}^{-1}$　　　　苯甲酸恒容燃烧热：$-26460 \text{J} \cdot \text{g}^{-1}$

② 用图解法求出萘燃烧引起的量热计温度变化的差值 ΔT_2（同①），计算萘的恒容燃烧热 Q_V（如配有电脑，不用计算 Q_V，电脑可直接算出 $\Delta_c H_m$）。

水的温度_____℃；　　　氧弹计外（壳套）筒温度_____℃

开始时：m（燃烧丝）＝　　　　　m（萘＋燃烧丝）＝

　　　　l（燃烧丝长度）＝

燃烧后：l'（燃烧丝长度）＝

燃烧掉的燃烧丝的长度：$l = l$（燃烧丝长度）$- l'$（燃烧丝长度）＝

样品的质量：m（萘＋燃烧丝）$- m$（燃烧丝）＝

燃烧丝燃烧系数：$-4.1 \text{J} \cdot \text{cm}^{-1}$　　　　分子量（萘）：128

气体物质的量差值（Δn）：-2mol

③ 由 Q_V 计算萘的恒压燃烧热 Q_p 及摩尔燃烧焓 $\Delta_c H_m$（如配有电脑，无该步）。

④ 与文献值比较［查文献得：$\Delta_c H_m^\ominus (298.15\text{K}) = -5157 \text{kJ} \cdot \text{mol}^{-1}$，$\Delta_c H_m^\ominus (293.15\text{K}) = -5154 \text{kJ} \cdot \text{mol}^{-1}$］。

【讨论】

① 燃烧后可以看到氧弹内部有一些黑色的金属小球，它是燃烧丝的氧化物，它的出现为实验带来了误差：若是不称量其质量，即称得的剩余质量偏小，金属丝完全燃烧反应的长度偏大，导致最终的结果偏大；反之，若是计算了它的质量，则使得剩余质量偏大，导致最终的结果偏小，而且它引起的误差会更大，可能会使完全燃烧后燃烧丝的质量反而大于燃烧

前燃烧丝的质量，所以在实验中我们选择不计算燃烧后残余氧化金属球的质量。

② 从雷诺图解法校正图中可以看出，实验中体系从外部吸热与放热并不能相抵消，说明体系未达到所预期的近似绝热状态。由图中可以看出体系向环境的放热量要大于环境对体系的传热量（看雷诺校正图中上部和下部的面积），所以总的来说计算出来的萘的燃烧热还应该加上多放出去的热量损失，否则会导致最后的结果偏小，而未能达到理想绝热过程也是导致最终误差的主要因素。

③ 由实验结果可以看出，恒压燃烧热与恒容燃烧热之间并不相等，所以萘的燃烧热与反应进行的条件有关，这可能与反应时的压强、温度以及氧气量有关，但还需进一步的实验来验证。

【思考题】

① 说明恒容热效应和恒压热效应的差别和相互关系。
② 简述装置氧弹和拆开氧弹的操作过程。
③ 为什么实验测量得到的温度差值要经过作图法校正？
④ 使用氧气钢瓶和减压阀时有哪些注意事项？

说明 SWC-II$_D$ 精密数字温度温差仪的使用方法

SWC-II$_D$ 精密数字温度温差仪实物见图 2-9。

图 2-9 SWC-II$_D$ 精密数字温度温差仪实物图

1. SWC-II$_D$ 精密数字温度温差仪前面板

SWC-II$_D$ 精密数字温度温差仪前面板如图 2-10 所示。

注意：① 温度显示窗口显示传感器所测物的实际温度 T。
② 温差显示窗口的温差为介质实际温度 T 与基温 T_0 的差值。
③ 仪器根据介质温度自动选择合适的基温，基温选择标准如表 2-2 所示。

表 2-2 温度与基温的关系

温度 T/℃	基温 T_0/℃
$-10 < T < 10$	0
$10 < T < 30$	20

2. SWC-II$_D$ 精密数字温度温差仪操作步骤

① 将传感器航空插头插入后盖板上的传感器接口（槽口对准）。
② 将约 220V 电源接入后盖板上的电源插座。

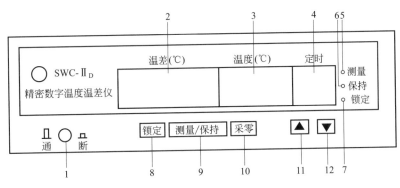

图 2-10　SWC-Ⅱ$_D$ 精密数字温度温差仪前面板示意图

1—电源开关：SWC-Ⅱ$_D$ 数字温度温差仪电源开关；2—温差显示窗口：显示温差值-10.000～10.000℃；3—温度显示窗口：显示所测物的温度值-50～150℃；4—定时窗口：显示设定的读数时间间隔 0～99s（6s 内不报警）；5—测量指示灯：灯亮表明系统处于测量工作状态；6—保持指示灯：灯亮表明系统处于读数保持状态；7—锁定指示灯：灯亮表明系统处于基温锁定状态；8—锁定键：按下此键，基温自动选择和 采零 都不起作用，直至重新开机；9—测量/保持功能转换键：为开关式键，在测量功能和保持功能之间转换；10—采零键：用于清除仪表当时的温差值，使温差显示窗口显示为"0.000"；11,12—数字调节键：▲键和▼键分别调节数字的大小

③ 将传感器插入被测物中（插入深度应大于 50mm）。

④ 按下电源开关，此时显示屏显示仪表初始状态（实时温度），如图 2-11 所示。

温差(℃)	温度(℃)	定时	●测量 ○保持 ○锁定
-7.224	12.77	00	

图 2-11　SWC-Ⅱ$_D$ 精密数字温度温差仪初始状态

⑤ 当温度显示值稳定后，按下 采零 键，温差显示窗口显示"0.000"。稍后的变化值为采零后温差的相对变化量。

⑥ 在一个实验过程中，仪器采零后，当介质温度变化过大时，仪器会自动更换适当的基温。这样，温差的显示值将不能正确反映温度的变化量，故在实验时，按下 采零 键后，应再按一下 锁定 键，这样，仪器将不会改变基温， 采零 键也不起作用，直至重新开机。

⑦ 需要记录读数时，可按一下 测量/保持 键，使仪器处于保持状态（此时，"保持"指示灯亮）。读数完毕，再按一下 测量/保持 键，即可转换到"测量"状态，进行跟踪测量。

⑧ 定时读数。

a. 按 ▲ 键或 ▼ 键，设定所需的报时间隔（应大于 5s，定时读数才会起作用）。

b. 设定完后，定时显示将进行倒计时，当一个计数周期完毕时，蜂鸣器鸣叫且读数保持约 5s，"保持"指示灯亮，此时可观察和记录数据。

c. 若不想报警，只需将定时读数置于"00"即可（开机初始状态）。

实验3 溶解热的测定

【目的要求】

① 了解电热补偿法测定热效应的基本原理。

② 用电热补偿法测定硝酸钾在水中的积分溶解热,通过计算或作图求出硝酸钾在水中的微分溶解热、积分冲淡热和微分冲淡热。

③ 掌握用微机采集数据、处理数据的实验方法和技术。

【基本原理】

物质溶解于溶剂过程的热效应称为溶解热,物质溶解过程包括晶体点阵的破坏、离子或分子的溶剂化、分子电离(对电解质而言)等过程,这些过程热效应的代数和就是溶解过程的热效应,溶解热包括积分(或变浓)溶解热和微分(或定浓)溶解热。把溶剂加到溶液中使之稀释,其热效应称为冲淡热,包括积分(或变浓)冲淡热和微分(或定浓)冲淡热。

溶解热 Q:在定温、定压下,物质的量为 n_2 的溶质溶于物质的量为 n_1 的溶剂(或溶于某浓度的溶液)中产生的热效应。

积分溶解热 Q_s:在定温、定压下,1mol 溶质溶于物质的量为 n_1 的溶剂中产生的热效应。

微分溶解热 $\left(\dfrac{\partial Q}{\partial n_2}\right)_{n_1}$:在定温、定压下,1mol 溶质溶于某一确定浓度的无限量的溶液中产生的热效应。

冲淡热:在定温、定压下,物质的量为 n_1 的溶剂加入某浓度的溶液中产生的热效应。

积分冲淡热 Q_d:在定温、定压下,把原含 1mol 溶质和 $n_{0,2}$ mol 溶剂的溶液冲淡到含溶剂为 $n_{0,1}$ mol 时的热效应,为某两浓度的积分溶解热之差。

微分冲淡热 $\left(\dfrac{\partial Q}{\partial n_1}\right)_{n_2}$ 或 $\left(\dfrac{\partial Q_s}{\partial n_0}\right)_{n_2}$:在定温、定压下,1mol 溶剂加入某一确定浓度的无限量的溶液中产生的热效应。

它们之间的关系可表示为

$$dQ = \left(\frac{\partial Q}{\partial n_1}\right)_{n_2} dn_1 + \left(\frac{\partial Q}{\partial n_2}\right)_{n_1} dn_2 \tag{2-5}$$

上式在比值 $\dfrac{n_1}{n_2}$ 恒定下积分,得

$$Q = \left(\frac{\partial Q}{\partial n_1}\right)_{n_2} n_1 + \left(\frac{\partial Q}{\partial n_2}\right)_{n_1} n_2 \tag{2-6}$$

方程式两边除以 n_2 得

$$\frac{Q}{n_2} = \left(\frac{\partial Q}{\partial n_1}\right)_{n_2} \frac{n_1}{n_2} + \left(\frac{\partial Q}{\partial n_2}\right)_{n_1} \tag{2-7}$$

$\dfrac{Q}{n_2}=Q_s$，令

$$\dfrac{n_1}{n_2}=n_0 \qquad (2\text{-}8)$$

即 $Q=n_2 Q_s$，$n_1=n_2 n_0$，则

$$\left(\dfrac{\partial Q}{\partial n_1}\right)_{n_2}=\left[\dfrac{\partial(n_2 Q_s)}{\partial(n_2 n_0)}\right]_{n_2}=\left(\dfrac{\partial Q_s}{\partial n_0}\right)_{n_2} \qquad (2\text{-}9)$$

将式(2-8)、式(2-9)代入式(2-7)得

$$Q_s=\left(\dfrac{\partial Q}{\partial n_2}\right)_{n_1}+n_0\left(\dfrac{\partial Q_s}{\partial n_0}\right)_{n_2} \qquad (2\text{-}10)$$

$$Q_d=(Q_s)_{n_{0,1}}-(Q_s)_{n_{0,2}} \qquad (2\text{-}11)$$

式(2-10)、式(2-11) 可以用图 2-12 表示。积分溶解热 Q_s 由实验直接测定，其他三种热效应则可通过 Q_s-n_0 曲线求得。在 Q_s-n_0 图上，不同 n_0 点的曲线切线斜率为对应于该浓度溶液的微分冲淡热，即 $\left(\dfrac{\partial Q_s}{\partial n_0}\right)_{n_2}=\dfrac{AD}{CD}$；该切线在纵坐标上的截距 OC，即为对应于该浓度溶液的微分溶解热 $\left(\dfrac{\partial Q}{\partial n_2}\right)_{n_1}$；而在含有 1mol 溶质的溶液中加入溶剂，使溶剂量由 $n_{0,2}$ mol 增至 $n_{0,1}$ mol 过程的积分冲淡热 $Q_d=(Q_s)_{n_{0,1}}-(Q_s)_{n_{0,2}}=BG-EG$。

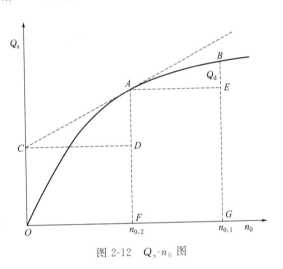

图 2-12 Q_s-n_0 图

由图可知，积分溶解热随 n_0 而变化，当 n_0 很大时，积分溶解热 Q_s 趋于不变。随着 n_0 的增加，微分冲淡热 $\left(\dfrac{\partial Q_s}{\partial n_0}\right)_{n_2}$ 减小，微分溶解热 $\left(\dfrac{\partial Q}{\partial n_2}\right)_{n_1}$ 增加，当 $n_0 \to \infty$ 时，微分冲淡热为 0，微分溶解热为 Q_s。

欲求溶解过程的各种热效应，应先测量各种浓度下的积分溶解热。可采用累加的办法，先在纯溶剂中加入溶质，测出热效应，然后在该溶液中再加入溶质，测出热效应，根据先后加入溶质的总量可计算各次 n_0，而各次热效应总和即为该浓度下的溶解热。本实验测量硝酸钾溶解在水中的溶解热，是一个溶解过程中温度随反应的进行而降低的吸热反应，故采用电热补偿法测定。先测定体系的起始温度 T，当溶解进行后温度不断降低时，由电加热法使体系复原至起始温度，根据所耗电能求出其热效应 Q。

$$Q=I^2 Rt=IVt=Pt \qquad (2\text{-}12)$$

式中，R 为加热器的电阻；I 为通过加热器的电流强度；V 为加热器两端所加的电压；t 为通电时间；P 为加热功率。

本实验利用反应热数据采集接口系统，通过微机采集测量温度、电流强度、电压、时间等数据，绘制 Q_s-n_0 图，计算积分溶解热、微分溶解热、微分冲淡热和积分冲淡热等数据。

实验装置如图 2-13 所示。

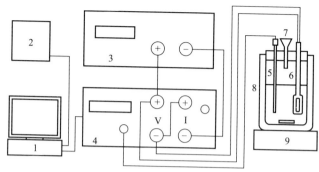

图 2-13　实验装置示意图

1—微机；2—打印机；3—稳流电源；4—数据采集接口；5—测温探头；6—电热管；
7—加样口；8—杜瓦瓶；9—电磁搅拌器

【仪器与试剂】

SWC-RJ 溶解热测定装置 1 套，包括微机（电脑）、打印机、测温探头（温度传感器）、电热管（加热器）、杜瓦瓶、电磁搅拌器、加样口（漏斗）、磁珠、O 形圈、加热功率输出线和软胶塞等。

称量瓶 8 只；电子天平（公用）1 台；研钵 1 个；干燥器 1 个；托盘天平（公用）1 台；量筒（100mL）1 个。

硝酸钾（AR）（研细，在 110℃烘干，保存于干燥器中）。

【实验步骤】

① 用研钵将硝酸钾（已烘干处理，大于 26g）进行研磨，放入干燥器中。

② 将 8 个称量瓶编号。

③ 在托盘天平上分别称量约 2.5、1.5、2.5、3.0、3.5、4.0、4.0、4.5g 硝酸钾，放入 8 个称量瓶中。然后在 0.0001g 精度的电子天平上，分别称量每份样品的精确质量。称好后放入干燥器中备用。

④ 用量筒（100mL）量取 216.5mL 蒸馏水，放入杜瓦瓶内，放入磁珠，拧紧瓶盖，将杜瓦瓶置于电磁搅拌器上。

⑤ 将 O 形圈套入温度传感器，把传感器探头插入杜瓦瓶内，调节 O 形圈使传感器浸入蒸馏水约 100mm（注意：不要与瓶内壁相接触）。

⑥ 按图 2-14 连接硬件电源线和数据线（用电源线将机后面板的电源插座与 ~220V 电源连接，将传感器航空插头接入传感器座，用配置的加热功率输出线接入 "I＋" "I－"，即 "红—红" "蓝—蓝"，串行口与电脑连接）。

⑦ 开启电脑，按本实验后说明中的 2.(1) 图形绘制中的①、②、③、④操作。

⑧ 将 加热功率调节 和 调速 旋钮逆时针旋到底，打开电源开关，仪器处于待机状态（待机指示灯亮）。调节 调速 旋钮使磁珠为所需要的转速。

⑨ 调节加热器功率。按下 状态转换 键，使 SWC-RJ 溶解热实验装置处于测试状态（即工作状态）。调节 加热功率调节 旋钮，使加热器功率在 2.5W 左右。注意温度传感器探头不要与搅拌磁子和加热器相接触。

⑩ 系统开始测量水温。当采样到水温温差值显示 0.5℃时，按 状态转换 键切换到待机状态，按 温差采零 键，同时立刻打开杜瓦瓶的加样口，按编号加入第一份样品（同时在电脑"操作"菜单中选择"开始计时"），此时 状态转换 键自动切换到测试状态，仪器自动清零并同步计时（此刻软件开始绘图），盖好加样口塞。加入的 KNO_3 溶解后，水温下降。此时温差开始变为负温差。由于电加热器在工作，水温又会上升。观察温差的变化或软件界面显示的曲线，当系统探测到水温上升至起始温度时（温差值回到零，曲线一定要与水平线相交）加入第二份样品，此时温差开始变为负，待温差又变为零时，加入第三组样品。如上所述依次加入其他几组样品。注意确保每次加入的样品全部溶解。系统自动测量计算每份 KNO_3 溶解后电热补偿通电加热的时间。

⑪ 实验完毕（加入最后 1 份样品后，温差值回到零），停止软件绘图（"操作"→"停止绘图"命令），按 状态转换 键，使测定仪处于待机状态。把 加热功率 和 调速 调到最小，关闭电源开关，拆去实验装置，清洗容器，结束实验。

⑫ 电脑操作，计算并打印数据和图形［详见本实验后说明中的 2.（2）数据处理］。

【注意事项】

① 固体 KNO_3 易吸水，故称量和加样动作应迅速。为确保 KNO_3 迅速、完全溶解，在实验前务必研磨成粉状，并在 110℃下烘干。

② 因加热器开始加热时有一滞后性，故应先让加热器正常加热，使温度高于环境温度 0.5℃左右，开始加入第一份样品，同时计时。

③ 实验过程中要求加热功率值恒定，故应随时注意调节。

④ 实验时需有合适的搅拌速度，可以适当进行调节。

⑤ 整个测量过程要尽可能保持绝热，减少热损失。因量热器（杜瓦瓶）绝热性能与盖上各孔隙密封程度有关，实验过程中要注意盖严。

⑥ 实验结束后，杜瓦瓶中不应有硝酸钾固体存在，否则需重做实验。

【数据记录与处理】

① 根据溶剂的质量和加入溶质的质量，求算溶液的浓度，以 n_0 表示：

$$n_0 = \frac{n_{H_2O}}{n_{KNO_3}} = \frac{216.5}{18.02} \div \frac{m_{KNO_3}(累计)}{101.1} = \frac{1215}{m_{KNO_3}(累计)}$$

② 按 $Q=Pt$ 公式计算各次溶解过程的热效应 Q。

③ 按每次累计的浓度和累计的热量，求各浓度下溶液的 n_0 和 Q_s。

④ 将以上数据列表并作 Q_s-n_0 图，并从图中求出 $n_0 = 80, 100, 200, 300$ 和 400 处的积分溶解热、微分溶解热和微分冲淡热，以及 n_0 从 80→100，100→200，200→300，300→400 时 KNO_3 的积分冲淡热。

注意：以上数据记录与处理都可以通过电脑操作进行。

【讨论】

① 本实验装置除测定溶解热外，还可以用来测定中和热、水化热、生成热、液体的比容及液态有机物的混合热等热效应，但要根据需要，设计合适的反应池。如中和热的测定，可将溶解热装置的漏斗部分换成一个碱贮存器，以便将碱液加入（酸液可直接从瓶口加入）。

碱贮存器下端可为一胶塞,混合时用玻璃棒捅破;也可为涂凡士林的毛细管,混合时用吸耳球吹气压出。在溶解热的精密测量实验中,也可以采用合适的样品容器将样品加入。

② 本实验用电热补偿法测量溶解热时,整个实验过程要注意电热功率的检测准确,但实验过程中电压常在变化,很难得到一个准确值。如果实验装置使用计算机控制技术,采用传感器收集数据,使整个实验自动化完成,则可以提高实验的准确度。

【思考题】

① 实验设计在体系温度高于室温 0.5℃ 时加入第 1 份 KNO_3,为什么?

② 实验过程中,加热功率如果有变化会造成什么误差?如何解决该问题?

③ 影响本实验结果的因素有哪些?

说明　SWC-RJ 溶解热测定仪前面板及电脑软件操作步骤

1. 前面板

SWC-RJ 溶解热测定仪前面板示意图如图 2-14 所示。

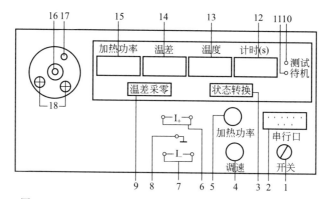

图 2-14　SWC-RJ 溶解热测定仪(一体机)前面板示意图

1—电源开关;2—串行口:电脑接口,根据需要与电脑连接;3—状态转换键:测试与待机状态之间的转换;4—调速旋钮:调节磁力搅拌器的转速;5—加热功率调节旋钮:根据需要调节所需输出加热的功率;6—正极接线柱:负载的正极接入处;7—负极接线柱:负载的负极接入处;8—接地接线柱;9—温差采零键:在待机状态下,按下此键对温差进行清零;10—测试指示灯:灯亮表明仪器处于测试工作状态;11—待机指示灯:灯亮表明仪器处于待机工作状态;12—计时显示窗口:当仪器进入测试状态时,计时器开始工作;13—温度显示窗口:显示被测物的实际温度值;14—温差显示窗口:显示温差值;15—加热功率显示窗口:显示输出的加热功率值;16—固定架:固定溶解热反应器;17—加料口;18—加热丝引出端

2. 电脑软件操作步骤

(1) 图形绘制

① 启动软件,出现一个画面,10s 后自动关闭(或单击鼠标左、右键或按键盘任一键跳过)此画面。

② 在"窗口"菜单中选择"数据采集及计算"。

③ 在"设置"菜单中选择"设置坐标系"。如果默认的坐标系不能满足绘图的要求,必须重新设置合适的坐标系,否则绘制的图形不能完整地显示在绘图区。在此窗口的坐标系中纵轴为温度,横轴为时间(见"设置坐标系"命令的第一个图)。

④ 根据自己的电脑选择串行口。在"设置"菜单→"串行口"中选择 COM1(串行口 1,默认 1)或 COM2(串行口 2)。

⑤ 待硬件一切准备好后，在软件的"操作"菜单中选择"开始计时"命令（执行此命令必须在第一组样品加入杜瓦瓶那一时刻），软件开始绘制曲线，操作者根据观察曲线的位置分别把 8 组样品加入杜瓦瓶中。

⑥ 实验完毕，停止软件绘图（"操作"→"停止绘图"命令）。

(2) 数据处理

① 计算 Q_s、n_0 值（在"数据采集及计算"窗口里）。

a. 输入每组样品的质量（顺序不能弄错，否则结果不对）、样品的分子量、水的质量和加热功率值。

b. 执行"操作"菜单→"计算"→"Q_s、n_0 值"命令，软件自动计算时间、积分溶解热（每组）和摩尔值（每组）。

② 计算反应热（在"溶解热 Q-n 曲线图"窗口里）。

a. 输入点坐标（8 个坐标值）。执行"操作"菜单→"自动输入"（软件自动把"数据采集及计算"窗口处理的最终数据输入到填写坐标区域内）。

b. 执行"操作"菜单→"绘 Q-n 曲线"命令，电脑根据 8 个坐标值拟合一条曲线。

c. 如果实验的误差比较大，就要通过"校正 Q-n 曲线"命令（"操作"菜单→"校正 Q-n 曲线"）校正曲线（具体步骤见"菜单简介"→"操作"菜单→"校正 Q-n 曲线"命令的说明）。

d. 执行"操作"菜单→"计算"→"反应热"命令，输入两个摩尔值或通过鼠标在曲线上取两个摩尔值，按"确定"，选择"操作"菜单→"衬托线"，软件自动计算出积分冲淡热、微分溶解热和微分冲淡热（具体步骤见"菜单简介"→"操作"菜单→"计算"命令的说明）。

注意：

a. 积分溶解热：在"数据采集及计算"窗口中计算出来的 Q_s 值。

b. 积分冲淡热：两个积分溶解热之差，即 $Q_{n_{0,1}} - Q_{n_{0,2}}$。

c. 微分溶解热：切线在纵坐标上的截距。

d. 微分冲淡热：曲线上某一点的切线斜率。

③ 如需保存这次实验的值，可点击"保存"，则把图形、每次样品的相应值和实验的初始值保存下来。

④ 如需打印实验数据，点击"打印"。

实验 4 凝固点降低法测定物质的摩尔质量

【目的要求】

① 掌握一种常用的摩尔质量测定方法。
② 通过实验进一步理解稀溶液理论。
③ 掌握 SWC-LG（或 SWC-LG$_D$）凝固点实验仪的使用方法。

【基本原理】

物质的摩尔质量是一个重要的物理化学数据，其测定方法有许多种。凝固点降低法测定物质的摩尔质量是一个简单且比较准确的测定方法，在实验和溶液理论的研究方面都具有重要意义。

含非挥发性溶质的二组分稀溶液（当溶剂与溶质不生成固溶体时）的凝固点将低于纯溶剂的凝固点，这是稀溶液的依数性质之一。当指定了溶剂的种类和数量后，稀溶液凝固析出纯固体溶剂时，其凝固点降低值取决于所含溶质分子的数目，即溶液的凝固点降低值（ΔT）与溶液的浓度成正比。即

$$\Delta T = T_f^* - T_f = K_f m_B \tag{2-13}$$

式中，T_f^* 为纯溶剂的凝固点；T_f 为溶液的凝固点；K_f 为质量摩尔凝固点降低常数，简称为凝固点降低常数；m_B 为溶质的质量摩尔浓度。

因为

$$m_B = \frac{g/M_B}{W} \times 1000 \tag{2-14}$$

式中，M_B 为溶质的摩尔质量，$g \cdot mol^{-1}$；g 和 W 分别表示溶质和溶剂的质量，g。

将式(2-14)代入式(2-13)得

$$M_B = K_f \frac{1000g}{\Delta T W} \tag{2-15}$$

若已知某溶剂的凝固点降低常数 K_f 值，通过实验测定此溶液的凝固点降低值 ΔT，利用式(2-15)即可计算溶质的摩尔质量 M_B。

需要注意，如溶质在溶液中发生解离或缔合等情况，则不能简单地应用公式(2-15)加以计算。浓度稍高时，已不是稀溶液，致使测得的摩尔质量随浓度的不同而变化。为了获得比较准确的摩尔质量数据，常用外推法，即以式(2-15)中所求得的摩尔质量为纵坐标，以溶液浓度为横坐标作图，外推至浓度为零而求得较准确的摩尔质量数值。

全部实验操作归结为凝固点的精确测量。所谓凝固点是指在一定压力下，固液两相平衡共存的温度。理论上，在恒压下对单组分体系只要两相平衡共存就达到这个温度。但实际上，只有固相充分分散到液相中，也就是固液两相的接触面相当大时，平衡才能达到。例如通常测凝固点的方法是将液体逐渐冷却，但冷却到凝固点由于固相是逐渐析出的，并不析出晶体，当凝固热放出速度小于冷却速度时，温度还可能不断下降，往往成为过冷液体，因而使凝固点的确定较为困难。为此，可先使液体过冷，然后突然搅拌。这样，由于搅拌或加入晶种促使溶剂结晶，固相骤然析出就形成了大量微小晶体，保证了两相的充分接触。同时，由结晶放出的凝固热，使体系温度回升，一直达到凝固点（当放热与散热达到平衡时，温度不再改变，此固液两相共存的平衡温度即为纯溶剂的凝固点），保持一会恒定温度，然后又开始下降 [图 2-15(a)]，从而使凝固点的测定变得容易进行了。纯溶剂的凝固点相当于步冷

曲线中的水平部分所指的温度。

溶液的步冷曲线与纯溶剂的步冷曲线不同[图 2-15(b)]，即当析出固相，温度回升到平衡温度后，不能保持一恒定值。因为部分溶剂凝固后，剩余溶液的浓度逐渐增大，平衡温度也要逐渐下降。如果溶液的过冷程度不大，可以将温度回升的最高值作为溶液的凝固点。但过冷太厉害或寒剂温度过低，则凝固热抵偿不了散热，此时温度不能回升到凝固点，在温度低于凝固点时完全凝固，就得不到正确的凝固点；或由于凝固的溶剂过多，溶液的浓度变化过大，所得凝固点偏低，必将影响测定结果。

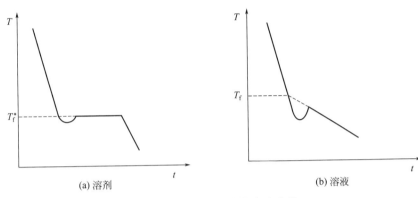

图 2-15　溶剂与溶液的步冷曲线

利用相律分析，溶剂与溶液的步冷曲线形状不同。对纯溶剂两相共存时，自由度 $f^* = 1 - 2 + 1 = 0$，步冷曲线出现水平线段，其形状如图 2-15(a) 所示。对溶液两相共存时，自由度 $f^* = 2 - 2 + 1 = 1$，温度仍可下降，但由于溶剂凝固时放出凝固热，使温度回升，但回升到最高点又开始下降，所以步冷曲线不出现水平线段，如图 2-15(b) 所示。由于溶剂析出以后，剩余溶液浓度变大，显然回升的最高温度不是原浓度溶液的凝固点，严格的做法应作步冷曲线，并按图 2-15(b) 中所示方法加以校正。但由于步冷曲线不易测出，而真正的平衡浓度又难以直接测定，实验总是用稀溶液，并控制条件使其晶体析出量很少，所以以起始浓度代替平衡浓度，对测定结果不会产生显著影响。

本实验要测定纯溶剂、溶液温度随时间的变化，并画出步冷曲线，可得到纯溶剂和溶液的凝固点。利用稀溶液的凝固点降低依数性质求得溶质的摩尔质量。实验装置如图 2-16 所示。

【仪器与试剂】

SWC-LG 凝固点实验仪（或 SWC-LG$_D$ 凝固点实验仪）1 套；电脑 1 台；打印机（公用）1 台；电吹风器（或烘干器）（公用）1 个；电子天平（公用）1 台；温度计（0~50℃）1 支；移液管（25mL）1 支；烧杯（1000mL）1 个；滤纸若干；吸耳球 1 个。

环己烷（AR）（或蒸馏水）；萘（或蔗糖）（AR）；冰（或乙二醇）。

【实验步骤】

① 用配备的数据线将 RS-232C 串行口与电脑连接，将传感器航空插头插入后面板上的传感器接口，220V 电源接入后面板上的电源插座。打开仪器电源开关，此时温度显示窗口显示初始状态（实时温度），温差显示窗口显示以 20℃ 为基温的温差值。打开电脑开关，按本实验后说明Ⅰ中的 2.①、②、③操作。

② 如图 2-16(b) 所示，在冰槽 6 中放入敲碎的冰屑和自来水（水量以注满浴槽体积 2/3 为宜），并将温度计放入冰槽中，用外搅拌器 1 进行搅拌，将冰槽温度调至使其低于环己烷凝固点温度 2~3℃，将空气套管 2 插入冰槽内。

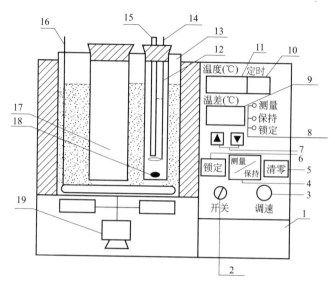

(a) SWC-LG凝固点实验仪前面板示意图

1—机箱；2—电源开关；3—磁力搅拌器调速旋钮；4—测量与保持状态的转换；5—温差清零键；6—锁定键；7—定时设置按键；8—状态指示灯；9—温差显示窗口；10—定时显示窗口；11—温度显示窗口；12—凝固点测定管；13—冰槽(保温筒)；14—内(手动)搅拌器；15—温度传感器；16—外搅拌器(冰槽)；17—空气套管；18—搅拌磁珠；19—磁力搅拌器

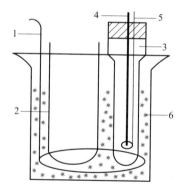

(b) SWC-LG凝固点实验仪玻璃仪器示意图

1—外搅拌器；2—空气套管；3—凝固点测定管；4—温度传感器；5—内(手动)搅拌器；6—冰槽

图 2-16 SWC-LG 凝固点实验仪

③ 纯溶剂环己烷凝固点的测定。

a. 纯溶剂环己烷的近似凝固点的测定。用移液管吸取 25mL 环己烷注入干燥的凝固点测定管中，同时，放入搅拌磁珠（若手动搅拌，不用放搅拌磁珠），将温度传感器插入橡胶塞中，将橡胶塞塞入凝固点测定管，要塞紧。注意传感器应插入凝固点测定管与管壁平行的中央位置，插入深度以温度传感器顶端离凝固点测定管的底部 5mm 为佳。将凝固点测定管直接插入冰槽中，调整磁力搅拌器调速旋钮（或上下移动内搅拌器），不断搅拌，使环己烷逐渐冷却，当有固体开始析出时，停止搅拌，擦去凝固点测定管外的水，移到空气套管中，再一起插入冰槽中，均匀缓慢地搅拌，同时观察温度显示窗口显示值，当温度稳定后记下读数，此即为纯溶剂环己烷的近似凝固点。

b. 纯溶剂环己烷的精确凝固点的测定。取出凝固点测定管，温热之，待凝固点测定管内结晶完全熔化后，再次将凝固点测定管直接插入冰槽中，缓慢搅拌，使之逐渐冷却，并观察温度的变化，当环己烷液的温度降至高于近似凝固点 0.5℃时，迅速取出凝固点测定管，擦干移至空气套管中，再一起插入冰槽中，电脑"开始通讯"（详见说明Ⅰ中的 2.⑤）。此时缓慢搅拌使温度均匀下降，当温度低于近似凝固点 0.2℃时，应快速搅拌，使固体析出，温度开始上升时，停止搅拌。待温度达到最高点时，记下读数，该温度即为纯溶剂的精确凝固点。持续 1min，电脑"停止通讯"（详见说明Ⅰ中的 2.⑥），停止该次操作。

按步骤 b 再重复操作两次，取其平均值（三次测试凝固点温度 T_f^* 绝对误差平均值应小于±0.01℃）。

④ 溶液凝固点的测定：取出凝固点测定管，温热之，使环己烷结晶完全熔化后，放入已称量的约 0.05~0.07g 萘片，待萘片完全溶解后，按上述步骤③测定溶液的近似凝固点与精确凝固点，重复三次，取平均值（三次溶液凝固点温度 T_f 绝对误差平均值应小于±0.01℃）。

⑤ 待实验结束后，关掉电源开关，拔下电源线，清洗仪器。

【注意事项】

① 操作前应保证待用仪器清洁干燥。

② 搅拌速度的控制是做好本实验的关键，每次测定应按要求的速度搅拌，搅拌要均匀，并且测溶剂与溶液凝固点时搅拌条件要完全一致。本装置除可用自动搅拌外，同时配置手动搅拌器，可根据需要选择使用。若手动搅拌，要防止搅拌器与温度传感器或管壁相摩擦。尤其是即将读数时搅拌器不能与传感器探头相碰。此外，搅拌器上下移动幅度要大，但不能高出液面，否则易使溶液溅于液面上的管壁上，此处温度较低，溶液易凝固而成为晶种，使过冷现象不能产生。

③ 凝固点的确定较为困难。先测一个近似凝固点，精确测量时，在接近近似凝固点时，降温速度要减慢，温度低于近似凝固点 0.2℃时，要快速搅拌。

④ 实验操作中必须掌握体系的过冷程度，尤其测溶液凝固点时千万不要过冷太甚，否则凝固的溶剂过多，溶液的浓度变化过大，所得凝固点偏低。过冷度最好控制在 0.2~0.3℃之间。一般为防止过冷超过 0.2℃，当温度低于近似凝固点温度时，必须及时调整调速旋钮，加快搅拌速度，以控制过冷程度。

⑤ 寒剂温度对实验结果也有很大影响，过高会导致冷却太慢，过低则测不出正确的凝固点。冰槽温度应不低于溶液凝固点 3℃为佳，一般控制在低于凝固点 2~3℃。

⑥ 除凝固点实验仪的质量外，实验的环境气氛和溶剂、溶质的纯度都直接影响实验的可靠性和稳定性。

【数据记录与处理】

室温：_____℃   大气压：_____kPa

① 求出实验温度（t）下环己烷的密度和质量；

环己烷密度 $d_t = 0.7971 - 0.8879 \times 10^{-3} t$ （g·mL^{-1}）

环己烷质量 $W = V d_t$ （g）

② 根据实验数据作出步冷曲线（电脑可自动记录数据并绘图），由曲线确定 T_f^*、T_f，求 ΔT_f；

③ 将实验数据和凝固点降低值填于表 2-3 中；

表 2-3 实验数据和凝固点降低值

物质	质量/g 或 体积/mL	凝固点/℃		凝固点降低值 ΔT_f/K
		测量值	平均值	
环己烷		1		
		2		
		3		
萘		1		
		2		
		3		

④ 利用式(2-15)计算萘的摩尔质量（已知环己烷的凝固点降低常数 $K_f = 20.2$）。

【讨论】

① 本实验成败的关键在于控制过冷程度和搅拌速度。在测定浓度一定的溶液的凝固点时，析出的固体越少，测得的凝固点越准确。

② 由于受实验环境气氛，溶剂、溶质纯度和仪器的准确度等因素的影响，实际测得的凝固点步冷曲线比理论的步冷曲线要复杂得多。

③ 高温、高湿季节不适合做该实验，特别是非水系统。

【思考题】

① 凝固点降低法测物质的摩尔质量的公式，在什么条件下才能适用？

② 在冷却过程中固液相之间和寒剂之间，有哪些热交换？它们对凝固点的测定有何影响？

③ 影响凝固点精确测量的因素有哪些？

④ 为什么要先测近似凝固点？

⑤ 为什么会产生过冷现象？如何控制过冷程度？

⑥ 为什么测定溶剂的凝固点时，过冷程度大一些对测定结果影响不大，而测定溶液凝固点时却必须尽量减少过冷现象？

说明Ⅰ SWC-LG 凝固点实验仪软件操作方法

1. SWC-LG 凝固点实验仪

SWC-LG 凝固点实验仪的实物如图 2-17 所示。

2. 软件操作步骤

① 打开软件，并在"窗口定位"中选择绘图窗口。

② 根据实际情况"设置坐标系"、选择数据"采集时间"以及"通讯口"（启动该软件或单击"设置"菜单弹出相应对话框）。

③ 在"实验进程"中选择该次实验进程（如：溶剂凝固点Ⅰ）。

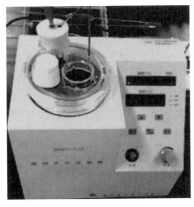 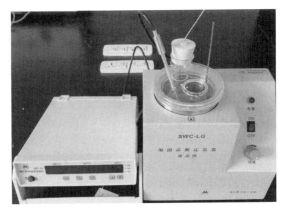

图 2-17　SWC-LG 凝固点实验仪实物图

④ 其他操作（见前述"实验步骤②、③"）

⑤ 点击"数据通讯"→"开始通讯"命令，则每 1s 从串口接收一组数据，并记录到数据框内，每个数据括号内是该数据的编号，同时在绘图区内开始绘图。

⑥ 曲线绘制完毕后，点击"数据通讯"→"停止通讯"命令。

⑦ 若此曲线不够理想，则点击"数据通讯"→"清屏"命令，再按实验步骤③b 重新开始。

⑧ 重复步骤③、④、⑤、⑥、⑦，做完 6 组实验（溶剂和溶液分别做 3 次实验），并记录下每一次的凝固点值。

⑨ 若需保存校正曲线，则点击"保存"。

⑩ 若需打印曲线，点击"打印"。

说明 Ⅱ　SWC-LG$_D$ 凝固点实验仪使用方法

1. SWC-LG$_D$ 凝固点实验仪

SWC-LG$_D$ 凝固点实验仪及其附件（低温恒温槽）的前面板见图 2-18。

 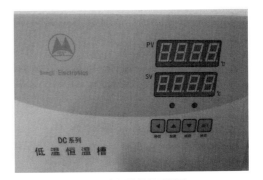

(a) SWC-LG$_D$凝固点实验仪实物图　　　　(b) 低温恒温槽的前面板图

图 2-18　SWC-LG$_D$ 凝固点实验仪和低温恒温槽的前面板图

2. 操作步骤

① 打开凝固点实验仪与电脑电源开关，此时仪器显示屏显示厂名、网址、联系电话，数秒后显示实时温度、温差值，如图 2-19 所示。打开电脑软件，"设置"中，"通讯口"选"COM3"。

```
温差:      03.264     ℃
温度:      23.26      ℃
定时:      00
基温选择:   自动
```

图 2-19 SWC-LG$_D$ 凝固点测定仪显示屏示意图

② 设置低温恒温槽温度，一般低于样品凝固点 3℃ 左右，并打开低温恒温槽外循环。

③ 准确移取 25mL 蒸馏水放入洗净烘干的样品管中，将样品管盖塞入样品管。

④ 安装搅拌装置。将搅拌器、传感器放入样品管中，传感器应置于搅拌器底部圆环内（注意：温度传感器应插入与样品管管壁平行的中央位置，插入深度至样品管底部）。将横连杆套在搅拌器导杆的顶部凹槽外面，适当拧紧螺钉使横连杆能水平转动而不滑落。将样品管放入空气套管中，转动样品管盖，将横连杆轻轻插入搅拌棒顶部的固定孔中，然后顺时针转动样品管盖，使搅拌棒上下运行阻力最小。将"搅拌速率调节"开关分别拨至"快""慢"挡，观察搅拌器是否运行自如，搅拌器是否在样品管中正常运行，有无歪斜及剧烈摩擦等不良情况，如无不良情况，停止搅拌，拧紧横连杆的紧固螺钉（注意：横连杆紧固螺钉应安放在导杆的凹槽内，以免搅拌时，横连杆松动脱落）。

⑤ 粗测纯溶剂的凝固点。将样品管从空气套管中取出（如有结冰请用手心将其焐化），放入制冷系统中的冷却液中，用手动方式不停地均匀慢速搅拌样品。待样品温度降到 0～8℃ 之间时，按下"锁定"键，使基温选择由"自动"变为"锁定"，观察温差显示值，其值应是先下降至过冷温度，然后急剧升高，当温度示数由减小趋势转为增大趋势时，停止搅拌，最后温差显示值稳定不变时，记下读数（此即为蒸馏水样品的近似凝固点）。

⑥ 精测纯溶剂的凝固点。拿出样品管，用手动搅拌让样品自然升温并融化（不要用手焐），此时样品管中样品缓慢升温，当样品管温度升至样品中还留有少量冰花时，将样品管擦干放入空气套管中，并连接好搅拌系统，将搅拌速度置于"慢"挡，此时应每隔 15s 记录温差值 ΔT（如与电脑连接，此时点击"实验控制"中的"开始绘图"）。观察温差显示值，当温度低于粗测凝固点 0.1℃ 时，应调节搅拌速度为快速（直到实验结束），加快搅拌，促使固体析出，温度开始上升。若温度未降到低于粗测凝固点 0.1℃ 开始升温（曲线有"拐点"出现），则断开"搅拌速率调节"。注意观察图像，当曲线趋于平稳时，持续 60s，记录此时温度，即为蒸馏水的凝固点（如与电脑连接，此时点击"停止绘图"，电脑可自动确定凝固点）。

注意：如过冷较大，可在精确测定时将样品管中存有少量冰花；在实验过程中应避免样品管中有空气产生，控制好搅拌速度。

⑦ 按步骤⑥重复实验两次。

⑧ 溶液凝固点的测定。取出样品管，用手心焐热，使管内冰晶完全融化，向其中投入已称重 1g 左右的蔗糖片（也可采用尿素等其他溶质），待其完全溶解后，按步骤⑤重复实验，测得该溶液的粗测凝固点，再按步骤⑥重复实验三次，测得该溶液的凝固点。

⑨ 关闭搅拌系统（将"搅拌速率调节"开关拨至"停"挡即可）。关闭电源开关，拔下电源插头，清洗仪器。

注意：a. 冷却温度应低于样品凝固点 3℃ 为佳，一般控制在低于 3℃ 左右；b. 由于慢速搅拌时，阻力较大，不容易启动，所以先拨到"快"挡搅拌，启动后再拨到"慢"挡搅拌；c. 测定时管内搅拌器与传感器不可以触碰。

实验5 液体饱和蒸气压的测定

【目的要求】

① 理解液体饱和蒸气压的定义，了解液体饱和蒸气压与温度的关系，理解 Clausius-Clapeyron 方程的意义。

② 掌握静态法测定不同温度下乙醇饱和蒸气压的实验原理和方法，学会用图解法求被测液体在实验温度范围内的平均摩尔汽化焓和正常沸点。

③ 初步掌握真空实验技术及数字压力计的使用方法，进一步熟悉恒温槽的使用。

【基本原理】

液体的饱和蒸气压是指在一定温度下，密闭真空容器中的纯液体与其蒸气达（动态）平衡时（蒸气分子向液面凝结和液体分子从表面逃逸的速率相等）液面上的蒸气压力，简称蒸气压。液体的蒸气压随温度的变化而变化，温度升高，分子运动加剧，单位时间内从液面逸出的分子数增多，所以蒸气压增大。当液体的饱和蒸气压等于外界压力时，液体便沸腾，此时的温度称为液体的沸点。液体的沸点随外压的变化而变化，当外压为标准压力（101.325kPa）时，液体的沸点称为正常沸点。

液体的饱和蒸气压与温度的关系服从 Clausius-Clapeyron 方程

$$\frac{\mathrm{d}\ln p}{\mathrm{d}T}=\frac{\Delta_{\mathrm{vap}} H_{\mathrm{m}}^{*}}{RT^{2}} \tag{2-16}$$

式中，R 为摩尔气体常数；T 为热力学温度；p 为液体在温度 T 时的饱和蒸气压；$\Delta_{\mathrm{vap}} H_{\mathrm{m}}^{*}$ 为在温度 T 时纯液体的摩尔汽化焓（在一定温度和压力下，1mol 液体蒸发所吸收的热量称为该液体的摩尔汽化焓）。

假定 $\Delta_{\mathrm{vap}} H_{\mathrm{m}}^{*}$ 与温度无关，或在较小的温度变化范围内，$\Delta_{\mathrm{vap}} H_{\mathrm{m}}^{*}$ 可以近似作为常数，积分上式，得：

$$\ln p=\frac{-\Delta_{\mathrm{vap}} H_{\mathrm{m}}^{*}}{RT}+C \tag{2-17}$$

式中，C 为积分常数。从上式可知：若将 $\ln p$ 对 $1/T$ 作图应得一直线，直线的斜率

$$m=-\Delta_{\mathrm{vap}} H_{\mathrm{m}}^{*}/R$$

由此可得

$$\Delta_{\mathrm{vap}} H_{\mathrm{m}}^{*}=-Rm \tag{2-18}$$

由实验测定不同温度下液体的饱和蒸气压，以 $\ln p$ 对 $1/T$ 作图，用图解法求得直线的斜率 m，根据式(2-18) 即可求出 $\Delta_{\mathrm{vap}} H_{\mathrm{m}}^{*}$，同时从图上可求出标准压力时液体的正常沸点。

测定饱和蒸气压的方法主要有静态法、动态法和饱和气流法三种方法。

① 静态法：在一定温度下，直接测量饱和蒸气压。此法适用于具有较大蒸气压的液体，准确度较高。

② 动态法：测量沸点随施加外压力的变化而变化的一种方法。液体上方的总压力可调，而且用一个大容器的缓冲瓶维持给定值，用压力计测量压力值，加热液体，待沸腾时测量其

温度。

③ 饱和气流法：在一定温度和压力下，用干燥气体缓慢地通过被测纯液体，使气流被该液体的蒸气所饱和。用吸收法测量蒸气量，进而计算出蒸气分压，此即该温度下被测纯液体的饱和蒸气压。该法适用于蒸气压较小的液体。

本实验采用静态法，以精密数字压力计测定乙醇在不同温度下的饱和蒸气压。静态法测量不同温度下纯液体饱和蒸气压，有升温法和降温法 2 种。本实验采用升温法测定不同温度下乙醇的饱和蒸气压，所用仪器是饱和蒸气压测定组合装置，见图 2-20 和图 2-21。

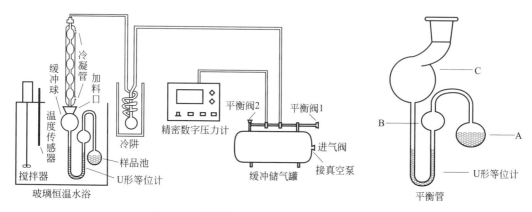

图 2-20 液体饱和蒸气压测定组合装置示意图

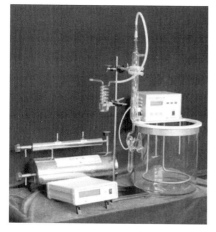

图 2-21 实验装置实物图

被测样装入小球 A 中（即样品池），以样品作 U 形管（即 U 形等位计）封闭液。某温度下若小球液面上方仅有被测物的蒸气，则 U 形管右支液面上所受到的压力就是其蒸气压。当该压力与 U 形管左支液面上空气的压力相平衡（U 形管两臂的液面平齐）时，就可以从与 U 形管相通的精密数字压力计测出在此温度下的饱和蒸气压，温度则由玻璃恒温水浴直接读出。当升高温度时，因饱和蒸气压增大，故 U 形管右支液面逐渐下降，U 形管左支液面逐渐上升。当通过调节平衡阀 1 使 U 形管左支液面上方再放入空气，以保持 U 形管两液面平齐时，即可读出该温度下的饱和蒸气压。同法可测定其他温度时的饱和蒸气压。

【仪器与试剂】

饱和蒸气压测定组合装置（等位计连冷凝管和样品池、冷阱、缓冲储气罐等）1 套；DP-AF 精密数字压力计 1 台；SYP-Ⅲ玻璃恒温水浴（带温控仪）1 套；真空泵 1 台；铁架台（配铁夹）1 个；电吹风器（公用）1 个；滴管 1 个；吸耳球 1 个；橡胶管若干。

无水乙醇（AR）。

【实验步骤】

① 装样。从加料口用滴管向 U 形管内加入无水乙醇，再用吸耳球挤压进样品池 A 中，使其中的无水乙醇约为样品池的 4/5，U 形管内的无水乙醇约占 2/3 体积。将冷阱放入冰水

浴中（若无冷阱省略该操作）。

② 按图 2-20 安装仪器。用橡胶管与冷阱（若无冷阱用橡胶管将冷阱两端短路连接）、精密数字压力计和缓冲储气罐等附件相连，安装冷凝管，连 U 形管和样品池，并将 U 形管和样品池固定于玻璃恒温水浴内（A、B、C 均浸入液面下方）。

③ 接通冷却水，并打开玻璃恒温水浴电源开关，将温度设定为高于室温 4℃。打开精密数字压力计电源开关，预热 5min，调单位至"kPa"。读取当天的大气压，按一下 采零 键，使压力计显示为"00.00"（注意：该数值表示此时将系统和外界压力作为零。当系统内压力降低时，则显示负压力数值，将外界压力加上该负压力数值即为系统内的实际压力）。用橡胶管与冷凝管相连。

④ 将真空泵与缓冲储气罐连接好。关闭平衡阀 1，打开平衡阀 2，开启真空泵，并打开进气阀，抽气 2～3min，关闭平衡阀 2，若数字压力计上的数字基本不变，表明系统不漏气，可进行下步实验。否则应逐段检查，消除漏气因素。

⑤ 打开平衡阀 2（此后在整个实验过程中平衡阀 2 始终处于打开状态，无需再动），继续抽气。这时样品池与 U 形管之间的空气呈气泡状，通过 U 形管中的液体逸出。当发现气泡成串逸出时，迅速关闭进气阀（若沸腾不能停止，可缓缓打开平衡阀 1，使少许空气进入系统），并关闭真空泵。

⑥ 缓缓打开平衡阀 1，使少许空气进入。待 U 形管两臂液面相平时，迅速关闭平衡阀 1，若等位计液柱再变化，打开平衡阀 1 使液面平齐，待液柱不再变化时，记下玻璃恒温水浴温度和精密数字压力计读数。

⑦ 在该温度下，重复实验步骤⑤、⑥再进行 1 次测定，若 2 次测定的结果相差小于 0.27kPa，即可进行下一步测定。

⑧ 调节玻璃恒温水浴使水温升高 4℃。在温度升高过程中，U 形管内的液柱将发生变化，应经常打开平衡阀 1，缓慢放入空气，使 U 形管的液面始终保持平齐。当温度达到所设温度时，恒温 5min，在液面平齐不再发生变化时，记下此时的温度和压力计读数。

⑨ 重复实验步骤⑧，依次测定 5 个不同温度下乙醇的蒸气压，记录各组数据。

⑩ 实验结束后，打开平衡阀 1，关闭精密数字压力计、玻璃恒温水浴的开关。将冷阱内的乙醇倒掉（若无冷阱省略该操作）。

【注意事项】

① 抽气速度要合适，必须防止 U 形管内液体沸腾过剧，致使密封液体快速蒸发。

② 实验过程中，必须充分排净 AB 弯管空间中全部空气，使 A 中液面上空只含液体的蒸气分子。平衡管中有液体的部分必须放置于玻璃恒温水浴中的液面以下，否则所测液体的温度与水浴温度不同。

③ 测定中，打开平衡阀 1 时，切不可太快，以免空气倒灌入 AB 弯管的空间中。如果发生倒灌，则必须重新抽气。待 U 形管左右支管中液面调平时，一定要迅速关闭平衡阀 1。

④ 在关闭真空泵前一定要先将系统排空，然后关闭真空泵，否则可能使真空泵中的水倒灌入系统。

【数据记录与处理】

室温：_____ ℃   大气压：_____ kPa

① 将实验数据填入表 2-4。

注意：饱和蒸气压 p＝大气压读数＋压力计读数（为负值）。

表 2-4　乙醇的饱和蒸气压测定数据记录

编号	温度/℃	压力计读数/kPa	饱和蒸气压 p/kPa	$\ln(p/\mathrm{Pa})$	$\dfrac{1}{T}$/K^{-1}
1					
2					
3					
4					
5					
6					

② 以 $\ln p$ 对 $1/T$ 作图，由直线的斜率求出乙醇在实验温度范围内的摩尔汽化焓 $\Delta_{\mathrm{vap}}H_{\mathrm{m}}^{*}$，并求出乙醇的正常沸点。

文献值：乙醇在 20～50℃ 温度范围内 $\Delta_{\mathrm{vap}}H_{\mathrm{m}}^{*}=40.4756\mathrm{kJ\cdot mol}^{-1}$，乙醇的正常沸点为 78.37℃（351.52K）。

【讨论】

在一定的温度下，真空密闭容器内的液体能很快和它的蒸气相建立动态平衡，此时液面上的蒸气压力就是液体在此温度下的饱和蒸气压力。液体的饱和蒸气压与温度有关：温度升高，蒸气压升高，所以测定蒸气压时要严格控制温度。抽气是为了排净样品池液面上的空气，使液面上空只含液体的蒸气分子（如果数据偏差在正常误差范围内，可认为空气已排净）。

【思考题】

① 如何判断平衡管中样品池与 U 形等位计间空气已全部排出？如未排尽空气，对实验有何影响？怎样防止空气倒灌？

② 测定蒸气压时为何要严格控制温度？

③ 升温时如液体急剧汽化，应如何处理？

④ 每次测定前是否需要重新抽气？

⑤ 能否在加热情况下检查是否漏气？

⑥ 如何根据压力计的读数确定系统的压力？

说明 Ⅰ　DP-AF 精密数字压力计的使用方法

1. 前面板按键说明

①"单位"键：接通电源，初始状态 kPa 指示灯亮，LED 显示以 kPa 为计量单位的压力值；按一下 单位 键，mmH$_2$O 或 mmHg 指示灯亮，LED 显示以 mmH$_2$O 或 mmHg 为计量单位的压力值。

②"采零"键：当系统与外界大气压相通时，按一下 采零 键，使仪表自动扣除传感器零压力值（零点漂移），LED 显示为"00.00"，该数值表示将系统和外界大气压力作为零。

③"复位"键：按下此键，可重新启动 CPU，仪表即可返回初始状态。一般用于死机时，在正常测试中，不需按此键（注意：新购置的仪器没有该键）。

2. 预压及气密性检查

缓慢加压至满量程，观察数字压力计显示值变化情况，若 1min 内显示值稳定，说明传感器及其检测系统无泄漏。确认无泄漏后，泄压至零，并在全量程反复预压 2～3 次，方可正式测试。

3. 采零

泄压至零,使压力传感器通大气,按一下 采零 键,此时 LED 显示 "00.00",以消除数字压力计系统的零点漂移。

4. 测试

数字压力计采零后接通被测系统,此时压力计显示被测系统的压力值(以大气压作为零的值)。

5. 关机

实验完毕,先将被测系统泄压后,再关掉电源开关。

说明Ⅱ 缓冲储气罐的气密性检查及使用方法

1. 缓冲储气罐(图 2-22)的气密性检查

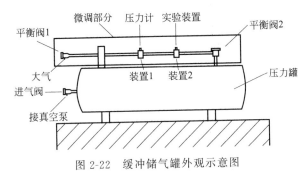

图 2-22 缓冲储气罐外观示意图

① 用橡胶管将进气阀(下接口)与真空泵、装置 1 接口与数字压力计分别连接,装置 2 接口用堵头封闭。

② 整体气密性检查(首次使用或长期未使用而重新启用时,应先做整体气密性检查)。

a. 将平衡阀 2 打开,平衡阀 1 关闭。启动真空泵,打开进气阀(三阀均为顺时针关闭,逆时针开启)抽气至 100~200kPa,数字压力计的显示值即为压力罐中的压力值。

b. 关闭进气阀,停止真空泵工作,并检查平衡阀 2 是否开启,平衡阀 1 是否完全关闭。观察数字压力计,若显示数字下降值在标准范围内(小于 0.01kPa/s),说明整体气密性良好。否则需查找并清除漏气原因,直至合格。

③ 微调部分的气密性检查。关闭平衡阀 2,用平衡阀 1 调整微调部分的压力,使之低于压力罐中压力值的 1/2,观察数字压力计,其显示数字变化值在标准范围内(小于 ± 0.2 kPa/min 或 0.01 kPa·s^{-1}),说明气密性良好。若显示压力值上升超过标准,说明平衡阀 2 泄漏;若显示压力值下降超过标准,说明平衡阀 1 泄漏。

2. 缓冲储气罐的使用方法

① 与被测系统连接进行测试。用橡胶管将装置 2 接口与被测系统连接、装置 1 接口与数字压力计连接。打开平衡阀 2,关闭平衡阀 1,启动真空泵,打开进气阀抽气,从数字压力计读出压力罐中的压力值。

测试过程中需调整压力值时,使数字压力计显示的压力略高于所需压力值,然后关闭进气阀,停止气泵工作,关闭平衡阀 2,调节平衡阀 1 使压力值至所需值。采用此方法可得到所需的不同压力值。

② 测试完毕,打开进气阀、平衡阀均可释放储气罐中的压力,使系统处于常压下备用。

实验 6　异丙醇-环己烷双液系相图的绘制

【目的要求】

① 了解测定双液系相图的基本原理和方法。

② 掌握采用回流冷凝法测定不同浓度的异丙醇-环己烷体系的沸点和气液两相平衡成分。

③ 绘制在 $p^{\ominus}$ 下异丙醇-环己烷双液系的沸点-组成图（T-x 图），确定其恒沸组成及恒沸温度。

④ 掌握阿贝折射仪的使用方法及其确定二元液体组成的方法。

【基本原理】

在常温下，两种液态物质以任意比例相互溶解所组成的体系称之为完全互溶双液系。在恒定压力下，表示溶液沸点与组成关系的图称之为沸点-组成图，即所谓的相图。完全互溶双液系恒定压力下的沸点-组成图可分为三类：①溶液沸点介于两纯组分沸点之间 [图 2-23 (a)]；②溶液存在最低恒沸点 [图 2-23(b)]；③溶液存在最高恒沸点 [图 2-23(c)]。②、③类体系有时被称为具有恒沸点的完全互溶双液系，它与①类的根本区别在于，体系处于恒沸点时气、液两相的组成相同，因而也就不能像①类那样通过反复蒸馏而使双液系的两个组分完全分离。对②、③类的溶液，进行简单的反复蒸馏只能获得某一纯组分和恒沸点对应组成的混合物。如要获得两纯组分，需采取其他方法。体系的最低或最高恒沸点对应的温度即为恒沸温度，恒沸温度对应的组成为恒沸组成。异丙醇-环己烷双液系属于具有最低恒沸点一类的体系。

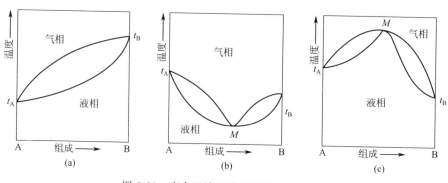

图 2-23　完全互溶双液系的沸点-组成图

为了绘制沸点-组成图，可采取不同的方法。比如取该体系不同组成的溶液，用化学分析方法分析沸腾时该组成溶液的气、液相组成，从而绘制出完整的相图。可以想象，对于不同的体系要用不同的化学分析方法来确定其组成，这种方法是很繁杂的。特别是对于还无法建立起精确、有效化学分析方法的一些体系，其相图的绘制就更为困难。物理学的方法为物理化学的实验手段提供了方便的条件，如光学方法。在本实验中折射率的测定，就是一种间接获取组成的物理学方法，具有简捷、准确的特点。

本实验利用回流及测定折射率的方法来绘制相图。取不同组成的溶液在双液系沸点测定仪中回流，测定其沸点及气、液相组成。沸点数据可直接由数字温度计获得；气、液相组成可通过测其折射率,然后由组成-折射率曲线最后确定。实验所用装置为南京桑力电子设备公司生产的 FDY 双液系沸点测定仪,其各部分连接方式如图 2-24 所示。

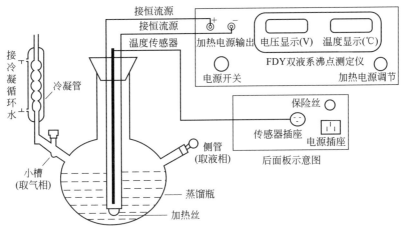

图 2-24　FDY 双液系沸点测定仪实验装置连接示意图

【仪器与试剂】

FDY 双液系沸点测定仪 1 套;阿贝折射仪 1 套;擦镜纸 1 本;刻度移液管(0.1mL、0.2mL、0.5mL、1mL)各 1 支;吸液管 2 支;移液管(5mL、10mL、25mL)各 1 支;吸耳球 1 个;橡皮管若干;铁架台(配铁夹)1 个;电吹风器(或烘干器)(公用)1 个。

异丙醇(AR);环己烷(AR)。

【实验步骤】

① 检查实验设备、仪器、试剂是否完好齐全。

② 已知浓度溶液折射率的测定。取异丙醇和环己烷以及环己烷摩尔分数分别为 0.2、0.4、0.6、0.8 四种组成的溶液,在室温下,逐次用阿贝折射仪测定其折射率(折射仪的操作详见实验后说明 I)。

③ 溶液沸点及气、液相组成的测定。

a. 将温度传感器航空插头插入双液系沸点测定仪后面板上的传感器插座。

b. 将 220V 电源插入 FDY 双液系沸点测定仪后面板上的电源插座。

c. 按图 2-24 连接好双液系沸点测定仪实验装置(注意:温度传感器勿与加热丝接触),并接通冷却水。

d. 用移液管量取 25mL 异丙醇,从侧管加入洁净干燥的沸点测定仪的蒸馏瓶内,使温度传感器浸入液体内。打开电源开关,调节"加热电源调节"旋钮使"电压显示"为 9～12V(沸腾前大,沸腾后小),将液体缓慢加热至沸腾,观察冷凝气体的回流情况和温度的变化。为加速气液平衡,可打开冷凝管下端小槽的阀门,用吸液管吸出液体,重复三次(注意:加热时间不宜太长,以免物质挥发),待温度稳定后记下异丙醇的沸点(约 78℃),停止加热(调节"加热电源调节"旋钮使"电压显示"为 0V)。

e. 通过侧管用刻度移液管加 0.5mL 环己烷于蒸馏瓶中,加热至沸腾,待温度变化缓慢时,同上法放掉三次冷凝液。待温度基本不变时记下沸点,停止加热。用吸液管从小槽中吸出气相冷凝液,冷却至室温,测其折射率;从蒸馏瓶侧管处吸出少许液相混合物,冷却至室温，测其折射率，并记录。

f. 再依次加入 1mL、2mL、3mL、4mL、5mL、10mL 环己烷，同上法测定溶液的沸点和气、液相的折射率，并记录。

g. 将溶液倒入回收瓶，用蒸馏水清洗蒸馏瓶后，再用电吹风器吹干。

h. 从蒸馏瓶侧管加入 25mL 环己烷，用与上述同样的方法测定沸点（约 72℃），并记录。

i. 再依次加入 0.2mL、0.3mL、0.5mL、1mL、4mL、5mL 异丙醇，同上法测定溶液的沸点和气、液相的折射率，并记录。

④ 调节"加热电源调节"旋钮，使"电压显示"为 0V，关闭"电源开关"，拔下电源插头。关闭冷凝水，将溶液倒入回收瓶，用蒸馏水清洗蒸馏瓶后再用电吹风器（或烘干器）吹干，以备下次使用。

【注意事项】

① 双液系沸点仪没加液体，不得加热，防止电热丝烧断。注意调节电热丝与温度传感器探头的高度，使其浸入液体，但两者不要接触。

② 固定双液系沸点仪的铁夹不要太紧，避免损坏沸点测定仪。

③ 先开通冷却水，然后开始加热。要调节好加热功率，使沸腾气泡连续、均匀冒出，避免过热现象。

④ 每加入一次样品后，只要待测液沸腾，正常回流 1~2min 后，即可取样、冷却、测定，不宜等待时间过长。每次取样量不宜过多，取样时吸液管一定要干燥，不能留有上次的残液，必须在停止加热后才能取样分析。

⑤ 使用折射仪时，棱镜不能触及硬物（如滴管或吸液管），擦拭棱镜用擦镜纸。测定折射率时，动作必须迅速，避免组分挥发，能否快速准确地测定折射率是本实验的关键之一。

⑥ 实验过程中应注意大气压的变化（不是 101.325kPa），需进行沸点校正。

【数据记录与处理】

室温：_____℃；　　　　大气压：_____kPa

① 将实验数据记录于表 2-5 和表 2-6 中，由表 2-5 中的数据绘制室温时的折射率-组成关系曲线。

表 2-5　异丙醇-环己烷双液系室温时的折射率

环己烷的摩尔分数	0	0.2	0.4	0.6	0.8	1
折射率						

表 2-6　双液系沸点及气、液相折射率和组成

实测双液系沸点/K	校正后双液系沸点/K	气相冷凝液		液相		恒沸温度/K	恒沸组成
		折射率	组成	折射率	组成		

续表

实测双液系沸点/K	校正后双液系沸点/K	气相冷凝液		液相		恒沸温度/K	恒沸组成
		折射率	组成	折射率	组成		

② 对表 2-6 中所测之沸点值进行校正。通常外界压力并不正好是标准压力,所以应对实验测定的沸点校正。假定特鲁顿(Trouton)规则适用于混合液,并应用克劳修斯-克拉贝龙方程,则有

$$\Delta T = \frac{T_b}{10} \times \frac{p^{\ominus} - p}{p^{\ominus}} = \frac{T_b}{10} \times \frac{101.325 - p}{101.325} \quad (2-19)$$

式中,T_b 为实测双液系之沸点(K);p 为测定沸点时室内的大气压力(kPa);ΔT 为沸点因大气压变化而改变的校正值。

校正后双液系沸点(即标准压力下的正常沸点)为

$$T = T_b + \Delta T \quad (2-20)$$

将校正后双液系的沸点填入表 2-6 中备用。

③ 利用折射率-组成关系曲线所确定的气、液相组成,以及校正后的各组成双液系的沸点数据,绘制沸点-组成图,确定该体系的恒沸温度与恒沸组成。

【思考题】

① 实验步骤中,在加入不同数量的各组分时,如发生了微小的偏差,对相图的绘制有无影响?为什么?

② 折射率的测定为什么要在恒定温度下进行?

③ 影响实验精度的因素之一是回流的好坏,如何使回流进行得好?它的标志是什么?

④ 对于某一组成,测定沸点及气相冷凝液和液相折射率,如因某种原因缺少其中某一个数据,应如何处理?它对相图的绘制是否有影响?

⑤ 正确使用阿贝折射仪,要注意些什么?

⑥ 由所得相图,讨论某一组成的溶液在简单蒸馏中的分离情况?

说明Ⅰ WYA-2S 数字阿贝折射仪的使用方法

WYA-2S 数字阿贝折射仪的结构及前面板如图 2-25、图 2-26 所示。

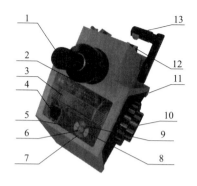

图 2-25　WYA-2S 数字阿贝折射仪的结构

1—目镜；2—色散校正手轮；3—显示窗；4—"POWER"电源开关；5—"n_D"折射率显示键；6—"READ"读数显示键；7—"BX-TC"经温度修正垂度显示键；8—"BX"未经温度修正垂度显示键；9—"TEMP"温度显示键；10—调节手轮；11—RS232 接口；12—折射棱镜部件；13—聚光照明部件

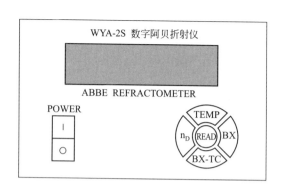

图 2-26　WYA-2S 数字阿贝折射仪前面板

使用方法如下。

① 按下"POWER"波形电源开关，"聚光照明部件"中照明灯亮，同时"显示窗"显示 00000。有时"显示窗"显示"——"，数秒后显示 00000。

② 打开"折射棱镜部件"，移去擦镜纸。

③ 检查上下棱镜表面，并用酒精小心清洁其表面。

④ 将被测样品用干净滴管（或吸液管）吸 1~2 滴放于下面折射镜的工作表面上，然后将上面的进光棱镜盖上。

⑤ 旋转"聚光照明部件"的转臂和聚光镜筒，使上面的进光棱镜的进光表面得到均匀照明。

⑥ 通过"目镜"观察视场，同时旋转"调节手轮"，使明暗分界线落在交叉视线场中。如从目镜中看到的视场是暗的，可将调节手轮逆时针旋转；看到视场是明亮的，则将调节手轮顺时针旋转。在明亮视场情况下可旋转"目镜"，调节视度看清晰交叉线。

⑦ 旋转"目镜"方缺口里的"色散校正手轮"，同时调节聚光镜位置，使视场中明暗两部分具有良好的反差和明暗分界线具有最小的色散。

⑧ 旋转"调节手轮"，使明暗分界线准确对准交叉线的交点（上面：亮区域，下面：暗区域）。

⑨ 按"READ"键，显示窗中 00000 消失，显示"—"，数秒后"—"消失，显示被测样品的折射率。

注意：测量结束后，必须空测一次，快速关闭电源。

说明Ⅱ　WYA 阿贝折射仪的使用方法

该型号折射仪在有机化学实验课程中已作介绍，本书不再赘述。

实验 7 甲基红的酸解离平衡常数的测定

【目的要求】

① 用分光光度法测定甲基红的酸解离平衡常数。
② 掌握分光光度法测定弱电解质解离平衡常数的基本原理。
③ 熟练掌握分光光度计及 pH 计的正确使用方法。

【基本原理】

弱电解质的解离平衡常数测定方法很多，如电导法、电势法、分光光度法等。本实验测定弱电解质（甲基红———一种弱酸性的染料指示剂，具有酸和碱两种形式）的解离平衡常数，是根据甲基红在解离前后具有不同颜色以及对单色光的吸收特性，借助于分光光度法的原理，测定其解离平衡常数。甲基红在溶液中的解离平衡可表示为：

酸（HMR）—红色

碱（MR⁻）—黄色

简写为： $HMR \rightleftharpoons H^+ + MR^-$
　　　　　酸式　　　　　碱式

其解离平衡常数 K_c 表示为：

$$K_c = \frac{[H^+][MR^-]}{[HMR]} \tag{2-21}$$

或

$$pK_c = pH - \lg\frac{[MR^-]}{[HMR]} \tag{2-22}$$

由式(2-22)可知，通过测定甲基红溶液的 pH 值，再根据分光光度法（多组分测定方法）测得 [MR⁻] 和 [HMR] 值，即可求得 pK_c 值。

由于 HMR 和 MR⁻ 两者在可见光谱范围内具有强的吸收峰，溶液离子强度的变化对它的酸解离平衡常数没有显著的影响，而且在简单的 CH_3COOH-CH_3COONa 缓冲体系中就很容易使颜色在 pH=4～6 范围内改变，因此比值 [MR⁻]/[HMR] 可用分光光度法测定而求得。

根据朗伯-比尔（Lambert-Beer）定律，溶液对单色光的吸收遵循下列关系式：

$$A = -\lg\frac{I}{I_0} = \lg\frac{1}{T} = kcl \tag{2-23}$$

式中，A 为吸光度（即光密度 D）；I/I_0（I_0、I 为入射光强和透射光强）为透光率 T；c 为溶液浓度；l 为溶液的厚度；k 为摩尔吸光系数。

溶液中若含有一种组分，其对不同波长的单色光的吸收程度，如以波长（λ）为横坐

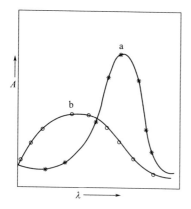

图 2-27 部分重合的光吸收曲线

标,吸光度(A)为纵坐标作图可得一条曲线,如图 2-27 中单组分 a 和单组分 b 的曲线均称为光吸收曲线,亦称吸收光谱曲线。图中,对应于某一波长有一个最大的吸收峰,在最大吸收峰对应的波长 λ_{max} 下测定该溶液的吸光度,具有最佳的灵敏度。

如在该波长时,溶液遵守朗伯-比尔定律,可选用此波长进行单组分的测定。根据公式(2-23),当比色皿光径长度(l)一定时,则:

$$A_a = k_a c_a \tag{2-24}$$
$$A_b = k_b c_b \tag{2-25}$$

溶液中如含有两种(或两种以上)组分,具有特征的光吸收曲线,并在各组分的吸收曲线互不干扰时,可在不同波长下,对各组分进行吸光度测定。

当溶液中两种组分 a、b 各具有特征的光吸收曲线,且均遵循朗伯-比尔定律,但吸收曲线部分重合,如图 2-27 所示,则两组分(a+b)溶液的吸光度应等于各组分吸光度之和,即吸光度具有加和性。当比色皿光径长度一定时,则混合溶液在波长分别为 λ_a 和 λ_b 时的吸光度 $A_{(a+b),\lambda_a}$ 和 $A_{(a+b),\lambda_b}$ 可表示为:

$$A_{(a+b),\lambda_a} = A_{a,\lambda_a} + A_{b,\lambda_a} = k_{a,\lambda_a} c_a + k_{b,\lambda_a} c_b \tag{2-26}$$
$$A_{(a+b),\lambda_b} = A_{a,\lambda_b} + A_{b,\lambda_b} = k_{a,\lambda_b} c_a + k_{b,\lambda_b} c_b \tag{2-27}$$

由光谱曲线可知,组分 c_a 代表[HMR],组分 c_b 代表[MR$^-$],根据式(2-26)可得到[MR$^-$],即:

$$c_b = \frac{A_{(a+b),\lambda_a} - k_{a,\lambda_a} c_a}{k_{b,\lambda_a}} \tag{2-28}$$

将式(2-28)代入式(2-27)则可得[HMR],即:

$$c_a = \frac{A_{(a+b),\lambda_b} k_{b,\lambda_a} - A_{(a+b),\lambda_a} k_{b,\lambda_b}}{k_{a,\lambda_b} k_{b,\lambda_a} - k_{b,\lambda_b} k_{a,\lambda_a}} \tag{2-29}$$

式中,k_{a,λ_a},k_{b,λ_a},k_{a,λ_b} 和 k_{b,λ_b} 分别为单组分(a 或 b)在波长为 λ_a 和 λ_b 时的 k 值。而 λ_a 和 λ_b 是通过测定单组分在不同波长下的吸光度得到光吸收曲线,分别求得的其最大吸收峰的波长。如在该波长下各组分均遵循朗伯-比尔定律,则其测得的吸光度与单组分浓度应为线性关系,直线的斜率即为 k 值,再通过两组分的混合溶液可以测得 $A_{(a+b),\lambda_a}$ 和 $A_{(a+b),\lambda_b}$,根据式(2-28)、式(2-29)可以求出[MR$^-$]和[HMR]值。再测得溶液 pH 值,按式(2-22)求出 pK_c 值,即可求出甲基红的解离平衡常数 K_c。

【仪器与试剂】

可见分光光度计 1 台;pH 计(配复合电极)1 台;擦镜纸 1 本;滤纸若干;容量瓶(100mL 6 个,50mL 8 个);烧杯(50mL 4 个,250mL 1 个);移液管(10mL 3 支,5mL、25mL 各 2 支);量筒(50mL 1 个);吸耳球 1 个。

95%乙醇(AR);甲基红溶液(AR);标准甲基红溶液;HCl(0.01mol·L^{-1},0.1mol·L^{-1});乙酸钠(0.04mol·L^{-1},0.01mol·L^{-1});乙酸(0.02mol·L^{-1});标准缓冲溶液(pH 值为 6.86 和 4.00)。

【实验步骤】

1. 制备溶液

① 甲基红溶液。称取 0.500g 甲基红,加入 300mL 95% 的乙醇,待溶后,用蒸馏水稀释至 500mL 容量瓶中(已配好)。

② 标准甲基红溶液。取 8.00mL 上述溶液,加入 50mL 95% 乙醇,用蒸馏水稀释至 100mL 容量瓶中。(已配好)

③ 溶液 a(pH 值大约为 2,甲基红完全以 HMR 形式存在)。取 10.00mL 标准甲基红溶液,加入 0.1mol·L^{-1} 盐酸 10mL,用蒸馏水稀释至 100mL 容量瓶中。

④ 溶液 b(pH 值大约为 8,甲基红完全以 MR$^-$ 形式存在)。取 10.00mL 标准甲基红溶液,加入 0.04mol·L^{-1} 乙酸钠 25mL,用蒸馏水稀释至 100mL 容量瓶中。

2. 测定最大吸收(峰)的波长 λ_a 和 λ_b

接通电源,打开可见分光光度计和 pH 计电源开关,预热 30min。将蒸馏水(参比试样)和溶液 a、溶液 b 分别放入 3 个光径长度为 1cm 的洁净的比色皿中,并将盛有蒸馏水的比色皿放入比色皿架的第 1 格,盛有溶液 a 的放入第 2 格,盛有溶液 b 的放入第 3 格。调节波长至 380nm。用蒸馏水校正,使蒸馏水的吸光度为零(详见实验后说明Ⅰ)。测定溶液 a 和溶液 b 的吸光度,波长从 380nm 开始,每隔 10nm 测定一次,在吸收高峰附近,每隔 5nm 测定一次,直至波长为 600nm 为止。由吸光度对波长作图得吸收光谱曲线,求出最大吸收峰的波长 λ_a 和 λ_b。注意:每改变一次波长都要用参比试样校正。

3. 在 λ_a 和 λ_b 下测定不同浓度 a 液和 b 液的吸光度

① 取部分 a 液和 b 液,分别各用 0.01mol·L^{-1} 的 HCl 和 0.01mol·L^{-1} 的 CH$_3$COONa 稀释至它们原浓度的 1、0.75、0.50、0.25 倍,制成一系列待测液,见表 2-7 和表 2-8。

表 2-7 不同浓度以酸式甲基红为主的 a 溶液配制(50mL 容量瓶)

溶液编号	a 溶液体积分数	a 溶液/mL	0.01mol/L HCl 溶液/mL
a_1	1	50	—
a_2	0.75	37.5	12.5
a_3	0.50	25	25
a_4	0.25	12.5	37.5

表 2-8 不同浓度以碱式甲基红为主的 b 溶液配制(50mL 容量瓶)

溶液编号	b 溶液体积分数	b 溶液/mL	0.01mol/L NaAc/mL
b_1	1	50	—
b_2	0.75	37.5	12.5
b_3	0.50	25	25
b_4	0.25	12.5	37.5

② 在波长为 λ_a 和 λ_b 处分别测定上述各溶液的吸光度 A(如果在 λ_a、λ_b 处,上述溶液符合朗伯-比尔定律,则可得四条 A-c 直线)。

4. 测定混合溶液的总吸光度及其 pH 值

① 在四个 100mL 的容量瓶中分别加入 10mL 标准甲基红溶液,25mL 0.04mol·L^{-1}

CH_3COONa 溶液,并分别加入 50mL、25mL、10mL、5mL 的 $0.02mol \cdot L^{-1}$ 的 CH_3COOH 溶液,然后用蒸馏水稀释至刻度,制成一系列待测液。

② 分别在 λ_a 和 λ_b 波长下测定上述 4 个混合溶液的总吸光度。

③ 用 pH 计测定上述 4 种溶液的 pH 值(详见实验后说明Ⅱ)。

【注意事项】

① 使用分光光度计时,先接通电源,打开仪器开关,预热 30min。为了延长光电管的寿命,在不测定时,应将暗箱盖打开。比色皿装液量不要太满,2/3 即可。

② 使用 pH 计前应预热 30min,使仪器稳定。

③ pH 计中所用到的复合(玻璃)电极下端玻璃很薄,易碎,应小心。

④ 复合(玻璃)电极使用前需在蒸馏水中浸泡。

【数据记录与处理】

室温:_____℃   大气压:_____kPa

① 测定最大吸收峰对应的波长 λ_a、λ_b。将实验步骤 2 测得的数据填入表 2-9,并作 A-λ 图,绘制溶液 a 和溶液 b 的吸收光谱曲线,求出最大吸收峰的波长 λ_a 和 λ_b。

表 2-9 溶液 a 和溶液 b 在不同波长下的吸光度

λ/nm	吸光度 A		λ/nm	吸光度 A	
	溶液 a	溶液 b		溶液 a	溶液 b
380			500		
390			505		
400			510		
410			515		
420			520		
425			525		
430			530		
435			535		
440			540		
450			550		
460			560		
470			570		
480			580		
490			600		

$\lambda_a = $ _____ nm; $\lambda_b = $ _____ nm。

② 将实验步骤 3、4 测定的不同浓度溶液的吸光度 A 及混合溶液的 pH 值填入表 2-10。

表 2-10 a、b 系列溶液和 4 种混合溶液的吸光度及混合溶液的 pH 值

溶液	相对浓度	A_{λ_a}	A_{λ_b}	pH 值
a_1	1.00			
a_2	0.75			

续表

溶液	相对浓度	A_{λ_a}	A_{λ_b}	pH 值
a_3	0.50			
a_4	0.25			
b_1	1.00			
b_2	0.75			
b_3	0.50			
b_4	0.25			
$(a+b)_1$				
$(a+b)_2$				
$(a+b)_3$				
$(a+b)_4$				

③ 由实验步骤 3 所测得的数据作 4 组 A-c 关系图（直线）。由直线斜率可求出单组分溶液 a 和 b 在波长各为 λ_a 和 λ_b 时的 4 个摩尔吸光系数 k_{a,λ_a}、k_{b,λ_a}、k_{a,λ_b}、k_{b,λ_b}。

④ 由实验步骤 4 所测得的混合溶液的总吸光度，根据式(2-28)、式(2-29)，求出各混合溶液中 [MR^-] 和 [HMR] 值。

⑤ 根据测得的 pH 值，按式(2-22)求出各混合溶液中甲基红的解离平衡常数，数据处理结果填入表 2-11。

表 2-11 数据处理结果

混合液编号	pH 值	$\dfrac{[MR^-]}{[HMR]}$	lg$\dfrac{[MR^-]}{[HMR]}$	pK_c	$\overline{pK_c}$
1					
2					
3					
4					

在室温范围内，甲基红的解离平衡常数文献值：$pK_c=5.05\pm0.15$。

【讨论】

① 分光光度法是建立在物质对辐射的选择性吸收的基础上，基于电子跃迁而产生的特征吸收光谱，因此在实际测定中，需将每一种单色光分别、依次地通过某一溶液，作出吸收光谱曲线图，从图上找出对应于某波长的最大吸收峰，用该波长的入射光通过该溶液不仅有着最佳的灵敏度，而且在该波长附近测定的吸光度有最小的误差。这是因为在该波长的最大吸收峰附近 $dA/d\lambda=0$，而在其他波长时 $dA/d\lambda$ 数值很大，波长稍有改变，便会引入很大的误差。

② 本实验是利用分光光度法来研究溶液中的化学反应平衡问题，较传统的化学法、电动势法研究化学平衡更为简便。它的应用不局限于可见光区，也可以扩大到紫外和红外区，所以对于一系列没有颜色的物质也可以应用。此外，还可以在同一样品中对两种以上的物质同时进行测定，而不需要预先进行分离，故在化学研究中得到广泛的应用，不仅可测定解离常数、缔合常数、配合物组成及稳定常数，还可研究化学动力学中的反应速率和机理。

【思考题】

① 在本实验中，温度对测定结果有何影响？采取哪些措施可以减少由此而引起的实验误差？

② 在测定吸光度时，为什么每个波长都要用参比试样校正零点？理论上应该用什么试样作为参比试样？本实验用的是什么试样？

③ 为什么要用相对浓度？为什么可以用相对浓度？

④ 在吸光度测定中，应该怎样选用比色皿？

说明 I 可见分光光度计的使用方法

1. 7230G 可见分光光度计

（1）键盘功能 7230G 可见分光光度计键盘如图 2-28 所示。

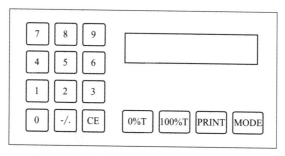

图 2-28 7230G 可见分光光度计键盘示意图

① 数字键 0～9：表示对应的数。

② "-/." 键：

a. 未按数字键，按 "-/." 键，表示输入负号。

b. 按过数字键，按 "-/." 键，表示输入小数点。

③ "CLEAR（CE）" 键：

a. 要清除目前输入的数，按 "CE" 键。

b. 在多种提示出错的显示状态下，按 "CE" 键，恢复仪器的正常工作状态。

④ "MODE" 键：

a. 开机后，作为年、月、日、时、分的输入键。

b. 时钟开始启动后，"MODE" 键作为显示模式选择键。

⑤ "PRINT" 键：

a. 未按数字键，按 "PRINT" 键，打印机打印月、日、年、时、分和对应显示模式的数据。

b. 按过数字键 "0" 键，按 "PRINT" 键，打印机打印表格。

c. 按过 "-/." 键，按 "PRINT" 键，打印机空走不打字。

d. 按过数字键，按 "PRINT" 键，打印机进入定时打印。

⑥ "100％T" 键：

a. 未按数字键，按 "100％T" 键，表示置满度。

b. 按过数字键，按 "100％T" 键，表示输入线性回归方程 $A = MC + N$ 中系数 M 和 N。

⑦ "0％T"键：
a. 未按数字键，按"0％T"键，表示置零。
b. 按过数字键，按"0％T"键，表示输入标准试样的浓度值。
c. 按过"CE"键，按"0％T"键，表示进入0起始计时状态。

(2) 仪器使用准备工作　若不需设置年、月、日、时、分，即进入工作状态，可采用下列步骤。
① 开机，仪器显示"F7230"。
② 按"CE"键，仪器显示"YEA"。
③ 按"0％T"键，仪器显示"00-00"，表示仪器进入计时状态，时间从1988年1月1日0时0分开始。
④ 按"MODE"键，仪器显示T状态。

(3) 仪器的基本操作
① 调节波长旋钮，使波长移到所需之处。
② 4个比色皿，其中一个放入参比试样，其余三个放入待测试样。将比色皿放入样品池内的比色皿架中，夹子夹紧，盖上样品池盖。
③ 将参比试样推入光路，按"MODE"键，使显示T状态或A状态。
④ 按"100％T"键，至显示"T100.0"或"A0.000"。
⑤ 打开样品池盖，按"0％T"键，至显示"T 0.0"或"A E1"。
⑥ 盖上样品池盖，按"100％T"键，至显示"T100.0"。
⑦ 将待测试样推入光路，显示试样的T值或A值。
⑧ 如果要想将待测试样的数据记录下来，只要按"PRINT"键即可。

注意：开机后，第一次测试、调节过波长、调换过参比试样，这三种情况中的任一种情况下必须置满度和置零（如上述③、④、⑤、⑥）；未调节过波长也未调换过参比试样，操作者根据需要置满度或置零，二者不必同时进行。

2. 721N可见分光光度计

(1) 键盘功能　721N可见分光光度计键盘示意图如图2-29所示。
① "T/A/C/F"键：按此键可转换显示模式。
T：透光率 Trans；　　　　A：吸光度 Absorbance；
C：浓度 Conc；　　　　　F：浓度因子 Factor。
② "Enter/Print"键：打印机打印对应显示模式的数据。
③ "▼0％"键：调零。只有在T状态时有效。打开样品室盖，按键后应显示000.0。
④ "100％T/0A▲"键：调满度/吸光度零。只有在T或A状态时有效。关闭样品室盖，按键后应显示100.0（T）或000.0（A）。

(2) 仪器的基本操作　721N可见分光光度计实物图如图2-30所示。
① 开机预热。预热时间不小于30min。仪器接通电源，微机进行系统自检，LCD显示窗口显示相应的产品型号后，仪器进入工作状态，此时显示窗口在默认的工作模式T。
② 放置参比和待测样品。选择测试用的比色皿，分别放入参比和待测样品，并把盛放参比和待测样品的比色皿放入样品架内（注意放置顺序），通过样品架拉杆来选择样品的位置。当拉杆到位时有定位感，到位时轻轻推拉一下以保证定位的正确。
③ 改变（选择）波长。通过旋转波长手轮可改变仪器的波长，并在波长观察窗选择所

需的波长。(注意:需要使用波长范围在 330~370nm 时,请将附件中的圆筒形滤色片套入样品室中的镜筒上。)

④ 调 100％T/0A、调 0％T。关闭样品室盖,将参比试样推入光路,通过"T/A/C/F"键,选择合适的显示方式(T 或 A),按"100％T/0A▲"键,显示 100.0(T)或 000.0(A);打开样品室盖,按"▼0％"键,显示 000.0;关闭样品室盖后,依然显示 100.0(T)或 000.0(A)。

注意:为保证仪器进入正确的测试状态,在仪器改变测试波长和测试一段时间后可通过按"▼0％"键和"100％T/0A▲"键对仪器进行置零和置满度/吸光度零。

⑤ 测定。将待测试样推入光路,待数据稳定后,读数。

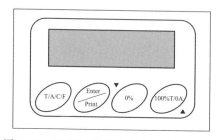

图 2-29 721N 可见分光光度计键盘示意图

图 2-30 721N 可见分光光度计实物图

说明 Ⅱ pH 计的使用方法

1. pHS-25 数显 pH 计

pHS-25 数显 pH 计实物图及前面板如图 2-31 和图 2-32 所示。

图 2-31 pHS-25 数显 pH 计实物图

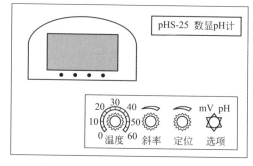

图 2-32 pHS-25 数显 pH 计前面板

(1) 仪器使用前的准备 仪器在复合电极插入之前,输入端必须插入 Q9 短路插头,使输入端短路以保护仪器。把复合电极安装在电极架上,然后将 Q9 短路插头拔去,把复合电极插头插在仪器的电极插座上,复合电极下端玻璃球泡较薄,避免碰坏。复合电极在使用前应保持清洁干燥,切忌与污物接触,复合电极的参比电极在使用时应把上面的加液口橡皮套向下滑动,使口外露,以保持液位压差。在不用时仍用橡皮套将加液口套住。

(2) 仪器的开启 仪器"选项"开关置"pH"挡或"mV"挡,开启电源,仪器预热 30min。

(3) 仪器的标定 仪器在使用(即测被测溶液)之前,先要标定。仪器的标定可按如下步骤进行。

① 拔出测量电极插头，插入短路插头，置"mV"挡。
② 仪器读数应在（0±1）mV。
③ 插上电极，置"pH"挡。"斜率"调节器调节在100%位置（顺时针旋到底）。
④ 先将电极用蒸馏水清洗，然后把电极浸在一已知 pH 值的缓冲溶液中（如 pH 值＝6.86），调节"温度"调节器，使所指示的温度与溶液的温度相同，并摇动试杯使溶液均匀。
⑤ 调节"定位"调节器，使仪器读数为该缓冲溶液的 pH 值（如 pH 值＝6.86）。

注意：经标定的仪器，"定位"调节器不应再有变动。不用时电极的球泡最好浸在蒸馏水中，一般情况下 24h 之内仪器不需再标定。但遇到下列情况之一，则仪器最好事先标定。

a. 溶液温度与标定时的温度有较大的变化时；
b. 干燥过久的电极；
c. 换过了的新电极；
d. "定位"调节器有变动，或可能有变动时；
e. 测量过浓酸（pH 值＜2）或浓碱（pH 值＞12）之后；
f. 测量过含有氟化物的溶液，且酸度在 pH 值＜7 的溶液和较浓的有机溶液之后。

(4) 测量 pH 值 已经标定过的仪器，即可用来测量被测溶液。
① 被测溶液和定位溶液温度相同时。
a. "定位"保持不变；
b. 将电极夹向上移出电极，用蒸馏水清洗电极头部，并用滤纸吸干；
c. 把电极浸在被测溶液之内，摇动试杯使溶液均匀后读出该溶液的 pH 值。
② 被测溶液和定位溶液温度不同时。
a. "定位"保持不变；
b. 用蒸馏水清洗电极头部，用滤纸吸干，用温度计测出被测溶液的温度值；
c. 调节"温度"调节器，使指示在该温度值上；
d. 把电极浸在被测溶液内，摇动试杯使溶液均匀后，读出该溶液的 pH 值。

2. UB 系列 pH 计

UB 系列 pH 计实物图如图 2-33 所示，其正视图和后视图如图 2-34(a) 和图 2-34(b) 所示。

(1) pH 计的校准
① 将清洗干净的电极浸入第 1 种缓冲液中，搅拌均匀，直至达到稳定。
② 按 Mode（转换）键，直至显示屏上出现相应的测量方式（pH、mV 或相对 mV，本实验选"pH"）。注意：在进行一个新校准之前，要将已经贮存的缓冲液清除。使用 Setup（设置）键和 Enter（确认）键可清除已有缓冲液。

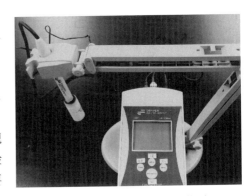

图 2-33 UB 系列 pH 计实物图

③ 按 Standardize（校准）键开始校准，显示屏显示当前 pH 测量值。在达到稳定状态后，或通过按 Enter（确认）键，测量值即被储存。pH 计显示的电极斜率为 100%。
④ 用蒸馏水冲洗电极，并用滤纸吸干（不要触碰和擦拭电极）。
⑤ 将电极浸入第 2 种缓冲液中，搅拌均匀，等到示值稳定后，按 Standardize（校准）

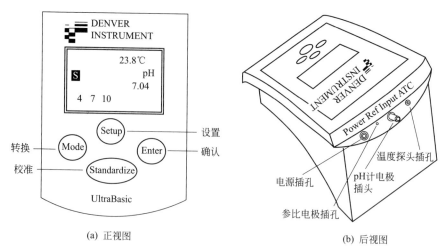

图 2-34 UB 系列 pH 计示意图

键，pH 计识别出缓冲液，然后 pH 计进行电极检验，系统显示电极状态，pH 计显示电极的斜率（斜率应在 90%～105%之间）。

⑥ 为了设定第 3 个标准值，将清洗干净的电极浸入第 3 种缓冲液中，搅拌均匀，等到示值稳定后，按 Standardize（校准）键，结果与步骤⑤一样。

⑦ 输入每一种缓冲液后，"Standardizing"显示消失，pH 计回到测量状态。

⑧ 为了校准 pH 计，至少使用 2 种缓冲液，待测溶液的 pH 值应处于 2 种缓冲液 pH 值之间。

（2）样品的测量

① 将电极浸入样品溶液中开始测定，搅拌均匀，等到示值稳定后，显示屏自动固定，并显示样品溶液的 pH 值。

② 在各次测量之间要用蒸馏水和待测溶液清洗电极，并用滤纸吸干。

③ 样品溶液测定完毕后，将电极冲洗干净，吸干后存放于饱和 KCl 溶液中或电极贮存液中。

实验 8 电导法测定弱电解质解离平衡常数

【目的要求】

① 测定乙酸（HAc）的解离平衡常数。
② 掌握用电导率仪测定溶液电导率的方法。

【基本原理】

在一定温度下，HAc 在水中解离达平衡时，其解离平衡常数 K_c 和 HAc 起始浓度 c 及解离度 α 间存在如下关系：

$$K_c = c\alpha^2/(1-\alpha) \tag{2-30}$$

而 HAc 的解离度等于其浓度为 c 时 HAc 溶液的摩尔电导率 Λ_m（HAc）和极限摩尔电导率 Λ_m^∞（HAc）之比，即

$$\alpha = \frac{\Lambda_m}{\Lambda_m^\infty} \tag{2-31}$$

将式(2-31)代入式(2-30)可得：

$$K_c = \frac{c\Lambda_m^2}{\Lambda_m^\infty(\Lambda_m^\infty - \Lambda_m)} \tag{2-32}$$

即

$$c\Lambda_m = \frac{(\Lambda_m^\infty)^2 K_c}{\Lambda_m} - \Lambda_m^\infty K_c \tag{2-33}$$

由式(2-33)可知，若测得一系列不同浓度的 HAc 溶液摩尔电导率，以 $c\Lambda_m$ 对 $1/\Lambda_m$ 作图，应得一直线，直线斜率为 $(\Lambda_m^\infty)^2 K_c$，如果知道 Λ_m^∞ 的值，即可求得 K_c。

Λ_m^∞ 可由文献中查出 λ_{m,H^+}^∞ 与 λ_{m,Ac^-}^∞，利用离子独立运动定律相加得到，而 Λ_m（HAc）的数值要由实验测定。Λ_m 与溶液浓度 c 及电导率 κ 间的关系为：

$$\Lambda_m = \kappa/c \tag{2-34}$$

测得 κ，可通过式(2-34)算出该 HAc 溶液的摩尔电导率 Λ_m。

【仪器与试剂】

SLDS-Ⅰ电导率仪 1 套；DJS-1C 铂黑电导电极 1 个；SPY-Ⅲ 玻璃恒温水浴 1 套；锥形瓶（250mL 1 个，100mL 3 个）；移液管（25mL）2 支；吸耳球 2 个；烧杯（500mL）1 个；滤纸若干。

HAc 溶液（$c = 0.1000\,\text{mol}\cdot\text{L}^{-1}$）；电导水（或重蒸馏水）。

【实验步骤】

1. 设置实验温度

调节玻璃恒温水浴温度至 (25 ± 0.05)℃，并将装有 250mL 电导水的锥形瓶和装有 100mL、$0.1000\,\text{mol}\cdot\text{L}^{-1}$ 的 HAc 溶液的锥形瓶置于玻璃恒温水浴中恒温。

2. 调试电导率仪

用电导水和 $0.1000\,\text{mol}\cdot\text{L}^{-1}$ HAc 溶液分别淌洗电导电极 3 次。将电极浸入被测液中，开启电导率仪开关，预热 15min 后调试（调试方法详见实验后说明）。

3. 测定 HAc 溶液的电导率

取一干燥洁净的 100mL 锥形瓶,用移液管加入 50mL 已恒温的 $0.1000\ \text{mol} \cdot \text{L}^{-1}$ 的 HAc 溶液,插入电导电极,使液面能超过铂片 1~2cm,放入玻璃恒温水浴恒温 5min 后测出其电导率(测定方法详见实验后说明)。

测完后,先取出 25mL HAc 溶液,再用另一支移液管吸取 25mL 已恒温的电导水加入,混合均匀后,放入恒温水浴,插入电导电极,5min 后测其电导率(1/2)。

然后用吸取 HAc 溶液的移液管从锥形瓶中吸取 25mL 的 HAc 溶液弃去,再加入 25mL 已恒温的电导水,混匀、恒温后,测其电导率(1/4)。

同法再稀释 3 次,共测得 6 种浓度溶液的电导率。

4. 测定电导水的电导率

在一干净的 100mL 锥形瓶中加入 50mL 已恒温的电导水,放入玻璃恒温水浴,插入电导电极,5min 后测其电导率。

5. 实验完毕

关闭电导率仪开关,关闭玻璃恒温水浴搅拌器、加热开关和恒温水浴开关;清洗电导电极,放回盒内。

【注意事项】

① 实验用水必须是电导水(或重蒸馏水),其电导率应 $\leq 1 \times 10^{-4}\ \text{S} \cdot \text{m}^{-1}$。

② 实验过程中温度必须恒定,稀释所用的电导水也需要在同一温度下恒温后使用。

③ 按规定,移液管只能做量出用,当作量入用时,由于操作条件不一样,其体积与量出不完全相等。因此要求在移液管放液入电导池时要多等一段时间,并使管嘴液滴尽可能全部转入电导池中。

④ 实验前,电导电极应用蒸馏水和待测液淌洗干净,实验中要保证每次测定前将电导电极淌洗干净。

【数据记录与处理】

室温:_____℃ 大气压:_____kPa

恒温水浴温度:_____℃ 乙酸溶液浓度:$c_0 = 0.1000\ \text{mol} \cdot \text{L}^{-1}$

① 电导水(或重蒸馏水)的电导率:

$$\kappa_{H_2O} =$$

② HAc 溶液的极限摩尔电导率(Λ_m^∞):

$$\Lambda_m^\infty = \lambda_{m,H^+}^\infty + \lambda_{m,Ac^-}^\infty$$

③ 将所测得的乙酸溶液的电导率填入表 2-12 中。

表 2-12 不同浓度乙酸溶液的电导率

c/c_0		1	1/2	1/4	1/8	1/16	1/32
$\kappa/\mu\text{S} \cdot \text{cm}^{-1}$	读数						

④ 计算各浓度 HAc 溶液的电导率、摩尔电导率和解离平衡常数,填入表 2-13 中。

⑤ 以 $c\Lambda_m$ 对 $1/\Lambda_m$ 作图,求 K_c,并与上述结果进行比较。

表 2-13　不同浓度 HAc 溶液的电导率、摩尔电导率和解离平衡常数

c/c_0	1	1/2	1/4	1/8	1/16	1/32
$\kappa_{HAc}/S \cdot m^{-1}$						
$\Lambda_m/S \cdot m^2 \cdot mol^{-1}$						
$1/\Lambda_m/S^{-1} \cdot m^{-2} \cdot mol$						
$c\Lambda_m/S \cdot m^{-1}$						
$K_c/mol \cdot L^{-1}$						

25℃时乙酸解离平衡常数的文献值为 $K_c^{\ominus} = 1.754 \times 10^{-5}$，请将计算结果与此比较，分析产生误差的原因，并对本实验装置的测量精度作出评价。

【讨论】

电导（或电导率）测定属电化学测量技术，是物理化学实验中最基本的测量方法之一。本实验也可以改用惠斯通电桥测量电导，但测量时间比较长。

【思考题】

① 本实验为何需要测量电导水的电导率？
② 实验中为何用镀铂黑的电导电极？使用时需注意什么？

说明　SLDS-Ⅰ电导率仪的使用方法

仪器的操作界面如图 2-35 所示。

① 将电导电极插头和温度传感器插头插入对应插座，将重蒸馏水和被测液淌洗过的电导电极浸入被测液中，将温度传感器置于对应的被测环境（如玻璃恒温水浴）中，开启电导率仪开关，预热 15min。

② 仪器开机后显示屏进入的界面如图 2-36 所示。

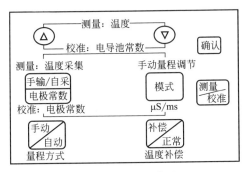

图 2-35　仪器的操作界面

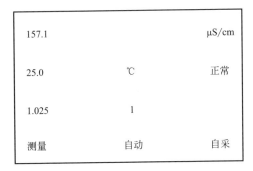

图 2-36　显示屏及功能状态设置界面

a. 界面上对应的数值表示如下。

157.1μS/cm：电导率测量值；25.0℃：标准温度值；　正常：无补偿；　1.025：电导池常数；　1：电极常数；　测量，自动：自动选择量程测量数据，　自采：自动采集实时温度。

b. 如测量溶液实时温度下的电导率，则无需温度补偿，仪器将自动测量出溶液相对应的电导率。

③ 当需测量标准温度下（25.0℃）溶液的电导率，可使用自动或手动温度补偿功能。

a. 自动温度补偿操作步骤。按"补偿/正常"键，使数据采集窗口显示"温补"，此时仪器自动采集实时温度，测量出补偿后的电导率。

例如：被测溶液温度为 26.0℃ 的液体进行补偿的界面如图 2-37 所示。

b. 手动温度补偿操作步骤。先按"补偿/正常"键，再按"手输/自采/电极常数"键，使数据采集窗口显示"温补"及"手输"，此时，再按"▲""▼"键进行温度补偿输入，设置实时温度。

例如：被测溶液温度为 26.0℃ 的液体进行补偿的界面如图 2-38 所示。

154.0		μS/cm
26.0	℃	温补
1.025	1	
测量	自动	自采

图 2-37 自动温度补偿功能设置界面

154.0		μS/cm
26.0	℃	温补
1.025	1	
测量	自动	手输

图 2-38 手动温度补偿功能设置界面

④ 校准。

a. 按"测量/校准"键，使数据采集窗口转换到校准状态，其界面如图 2-39 所示。

b. 如需修改电极常数，按下"手输/自采/电极常数"键，显示窗口第三行数字显示"未存"，修改完后按"确认"键，显示"已存"。

c. 如需修改电导池常数，按"▲""▼"键进行修改，显示窗口第二行数字显示"未存"，修改完后按"确认"键，显示"已存"。

d. 数据修改完后再按"测量/校准"键，使数据采集窗口转换到测量状态，此时可以进行测量。

注意：仪器的数据已存储，无需再操作，此步骤只有在更换电极时才需操作。

⑤ 量程和电极选择。

a. 量程选择：此仪器量程选择分手动、自动两种。测量时一般都采用自动选择量程，按下"手动/自动"键，可进行手动与自动切换。如需手动选择量程，按下"手动/自动"键，在数据采集窗口显示"手动"，按下"模式"键进行量程切换。界面如图 2-40 所示。

US	09516	已存
	1.025	已存
	1	已存
	状态：校准	

图 2-39 校准功能设置界面

157.1		μS/cm
25.0	℃	正常
1.025	1	
测量	手动	自采

图 2-40 手动量程选择功能设置界面

注意：选择手动测量时，若显示屏显示为"OUL"，表示被测值超出量程范围，应置于高一挡量程来测量；若读数很小，应置于低一挡量程来测量，以提高精度。

b. 电极选择：对于高电导率的溶液，若被测溶液的电导率高于 $20mS \cdot cm^{-1}$ 时，应选用 DJS-10C 电极，量程范围可扩大到 $200mS \cdot cm^{-1}$（$20mS \cdot cm^{-1}$ 挡可测至 $200mS \cdot cm^{-1}$，$2mS \cdot cm^{-1}$ 挡可测至 $20mS \cdot cm^{-1}$，但显示数需乘 10）。测量纯水或高纯水的电导率，应选 0.01 常数的电极，被测值＝显示数×0.01，也可用 DJS-0.1C 电极，被测值＝显示数×0.1。

被测液的电导率低于 $30\mu S\cdot cm^{-1}$，宜选用 DJS-1C 光亮电极。高于 $30\mu S\cdot cm^{-1}$，宜选用 DJS-1C 铂黑电极。根据电导率范围，选用合适的量程挡和电极，如表 2-14 和表 2-15 所示。

表 2-14　各量程的分辨率及使用的电极推荐表

量程挡	测量范围	分辨率	使用电极
$200\mu S\cdot cm^{-1}$	0.01～200	0.1	DJS-1C 光亮电极 DJS-1C 铂黑电极
$2mS\cdot cm^{-1}$	0.0001～2	0.001	DJS-1C 铂黑电极
$20mS\cdot cm^{-1}$	0.001～20	0.01	DJS-1C 或 DJS-10C 铂黑电极

表 2-15　电导率范围及对应电极常数推荐表

电导率范围/$\mu S\cdot cm^{-1}$	电极常数/cm^{-1}	电导率范围/$\mu S\cdot cm^{-1}$	电极常数/cm^{-1}
0.05～2	0.01,0.1	200～2000	1.0
2～200	0.1,1.0	2000～2×10^4	1.0,10

实验 9　电极制备及电池电动势的测定

【目的要求】

① 学会铜电极和锌电极的制备和处理方法。
② 掌握电势差计的测量原理和测定电池电动势的方法。
③ 加深对原电池、电极电势等概念的理解。

【基本原理】

电池由正、负两个电极组成，电池的电动势 E 等于两个电极的氢标准还原电极电势的差值。

$$E = \varphi^+ - \varphi^- \tag{2-35}$$

式中，φ^+ 是正极的氢标准还原电极电势；φ^- 是负极的氢标准还原电极电势。

以 Cu-Zn 电池为例：

电池符号

$$Zn \mid ZnSO_4(a_1) \parallel CuSO_4(a_2) \mid Cu$$

负极反应

$$Zn \longrightarrow Zn^{2+} + 2e^-$$

正极反应

$$Cu^{2+} + 2e^- \longrightarrow Cu$$

电池中总的反应为

$$Zn + Cu^{2+} \Longrightarrow Zn^{2+} + Cu$$

Zn 电极的电极电势

$$\varphi_{Zn^{2+}/Zn} = \varphi^{\ominus}_{Zn^{2+}/Zn} - \frac{RT}{2F} \ln \frac{a_{Zn}}{a_{Zn^{2+}}} \tag{2-36}$$

Cu 电极的电极电势

$$\varphi_{Cu^{2+}/Cu} = \varphi^{\ominus}_{Cu^{2+}/Cu} - \frac{RT}{2F} \ln \frac{a_{Cu}}{a_{Cu^{2+}}} \tag{2-37}$$

所以，Cu-Zn 电池的电池电动势为

$$\begin{aligned}
E &= \varphi_{Cu^{2+}/Cu} - \varphi_{Zn^{2+}/Zn} \\
&= \varphi^{\ominus}_{Cu^{2+}/Cu} - \varphi^{\ominus}_{Zn^{2+}/Zn} - \frac{RT}{2F} \ln \frac{a_{Cu} a_{Zn^{2+}}}{a_{Cu^{2+}} a_{Zn}} \\
&= E^{\ominus} - \frac{RT}{2F} \ln \frac{a_{Cu} a_{Zn^{2+}}}{a_{Cu^{2+}} a_{Zn}}
\end{aligned} \tag{2-38}$$

纯固体的活度为 1。

$$a_{Cu} = a_{Zn} = 1$$

所以

$$E = E^{\ominus} - \frac{RT}{2F} \ln \frac{a_{Zn^{2+}}}{a_{Cu^{2+}}} \tag{2-39}$$

式中

$$a_{Zn^{2+}} = \gamma_{Zn^{2+}} \frac{c_{Zn^{2+}}}{c^{\ominus}} \tag{2-40}$$

$$a_{Cu^{2+}} = \gamma_{Cu^{2+}} \frac{c_{Cu^{2+}}}{c^{\ominus}} \tag{2-41}$$

在一定温度下,电极电势大小取决于电极的性质和溶液中有关离子的活度。由于电极电势的绝对值不能测量,在电化学中,通常将标准氢电极的电极电势规定为零,其他电极的电极电势值是与标准氢电极比较而得到的相对值,即假设标准氢电极与待测电极组成一个电池,并以标准氢电极作为负极,待测电极作为正极,这样测得的电池的电动势数值就作为该电极的电极电势(称氢标准还原电极电势)。由于使用标准氢电极条件要求苛刻,难以实现,故常用一些制备简单、电势稳定的可逆电极作为参比电极来代替,如甘汞电极、银-氯化银电极等。这些电极与标准氢电极比较而得到的电势值已精确测出,在物理化学手册中可查到。

电池电动势不能用伏特计直接测量。因为当把伏特计与电池接通后,一方面由于电池放电,不断发生化学变化,电池中溶液的浓度将不断改变,因而电动势值也会发生变化。另一方面,电池本身存在内阻,所以伏特计所测量出的只是两极上的电势降(差),而不是电池的电动势,只有在没有电流通过时的电势降才是电池真正的电动势。电位差计是可以利用对消法原理进行电势差测量的仪器,即能在电池无电流(或极小电流)通过时测得其两极的电势差,这时的电势差就是电池的电动势。

另外,当两种电极的不同电解质溶液接触时,在溶液的界面上总有液体接界电势存在。在电动势测量时,常应用"盐桥"使原来产生显著液体接界电势的两种溶液彼此不直接接触,降低液体接界电势到毫伏数量级以下。用得较多的盐桥有 KCl($3mol \cdot L^{-1}$ 或饱和)、KNO_3、NH_4NO_3 等溶液。

【仪器与试剂】

SDC-Ⅱ数字电位差综合测试仪 1 台;饱和甘汞电极 1 支;滑线电阻(2000Ω)1 个;电流表($0 \sim 50mA$)1 个;低压直流电源 1 台;锌电极 1 支;铜电极 1 支;铜棒(或铜片)1 个;电线若干;电极管 2 支;电极架 3 个;镊子 1 个;吸耳球 1 个;自由夹 2 个;橡胶管若干;烧杯(50mL)5 个;滤纸若干。

氯化钾溶液(饱和);硫酸铜溶液($0.1000mol \cdot L^{-1}$);硫酸锌溶液($0.1000mol \cdot L^{-1}$);硝酸亚汞溶液(饱和);稀硫酸($3mol \cdot L^{-1}$);稀硝酸($6mol \cdot L^{-1}$);镀铜溶液(100mL 水中溶解 15g $CuSO_4 \cdot 5H_2O$、5g H_2SO_4 和 5g C_2H_5OH)。

【实验步骤】

① 实验操作前应认真阅读本实验后的"说明 SDC-Ⅱ数字电位差综合测试仪的使用方法"。

② 电极制备。

a. 锌电极:先用细砂纸打磨锌电极,除去表面氧化层;再用稀硫酸(约 $3mol \cdot L^{-1}$)浸泡锌电极 $2 \sim 5min$,除去表面剩余的氧化物;用蒸馏水淋洗,然后浸入饱和硝酸亚汞溶液中 $3 \sim 5s$ 取出,用镊子夹一小团清洁的湿棉花,轻轻擦拭电极,使锌电极表面有一层均匀的汞齐,再用蒸馏水冲洗干净。(注意:用过的棉花不要随便乱丢,应投入指定的有盖广口瓶内,以便统一处理。)把处理好的电极用滤纸吸干后立即插入清洁的电极管并塞紧,将电极管的虹吸管口浸入盛有 $0.1000mol \cdot L^{-1} ZnSO_4$ 溶液的小烧杯内,用吸耳球自套上橡胶管的支管抽气,将溶液吸入电极管,直至浸没电极略高一点,停止抽气,用自由夹夹紧支管上的橡胶管。电极制备好后,虹吸管内(包括管口)不能有气泡,也不能有漏液现象。

b. 铜电极：先用细砂纸打磨铜电极，除去表面氧化层；再用稀硝酸（约 6mol·L^{-1}）浸泡铜电极 1～2min，除去表面剩余的氧化物和杂质；用水冲洗，用蒸馏水淋洗，然后把它作为阴极，另取一块纯铜棒（或铜片）作为阳极，在镀铜溶液内进行电镀（图 2-41）。电镀的条件是：电流密度 25mA·cm^{-2} 左右，电镀时间 20～30min。待铜电极表面有一致密的镀层后取出铜电极，依次用水、蒸馏水冲洗，再用 0.1000mol·L^{-1} 的 $CuSO_4$ 溶液淋洗，立即插入电极管，按上述方法将浓度为 0.1000mol·L^{-1} 的 $CuSO_4$ 溶液吸入电极管，即制得铜电极。

c. 甘汞电极：已备好，如图 2-42 所示。

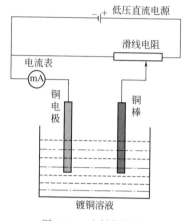

图 2-41 电镀铜装置

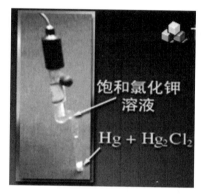

图 2-42 甘汞电极

③ 电池电动势的测量。接好 SDC-Ⅱ 数字电位差综合测试仪测量电池电动势的线路（详见实验后说明），以饱和 KCl 溶液为盐桥，分别测定下列 3 组电池的电动势。

a. 以饱和甘汞电极为正极，新制得的锌电极为负极，测量电池 a（图 2-43）：$Zn|ZnSO_4$(0.1000mol·L^{-1})‖KCl(饱和)|Hg_2Cl_2, Hg 的电动势。

b. 以新制得的铜电极为正极，饱和甘汞电极为负极，测量电池 b：Hg, Hg_2Cl_2|KCl(饱和)‖$CuSO_4$(0.1000mol·L^{-1})|Cu 的电动势。

c. 以铜电极为正极，锌电极为负极，测量电池 c（图 2-44）：$Zn|ZnSO_4$(0.1000mol·L^{-1})‖$CuSO_4$(0.1000mol·L^{-1})|Cu 的电动势。

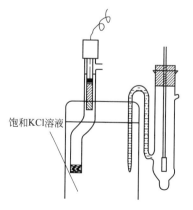

图 2-43 电池 a、b 的示意图

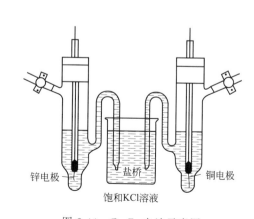

图 2-44 Cu-Zn 电池示意图

【注意事项】

① 使用饱和甘汞电极时，应将上面的小橡皮塞及下端橡皮套取下来，取下上面的橡皮塞是为了保持电极内外的压力平衡，防止溶液倒流入甘汞电极中。

② 制备锌电极时用过的棉花不要乱丢，应专门收集处理。

③ 制备锌电极和铜电极时，电极管装液后要检查是否漏液和电路是否接通，特别是虹吸管内不能有气泡。实验结束后，应将电极管内溶液倒掉，防止对电极造成腐蚀。

④ 组成各电池的正、负极不要与数字电位差仪的测量端正、负极接反。

⑤ 要确保电池在平衡状态下测量。当测完 1 个数据后，隔数分钟再重复测定 2 次，若偏差小于 0.5mV，可认为已达平衡，取其平均值作为该电池的电动势。

【数据记录与处理】

室温：_____℃   大气压：_____kPa

① 记录上列 3 组电池的电动势测定值，填入表 2-16。

表 2-16 3 组电池的电动势测定值

原电池		甘汞-锌	铜-甘汞	铜-锌
E/V	1			
	2			
	3			
	平均值			

② 根据物理化学数据手册上的饱和甘汞电极的电极电势数据，以及 a、b 两组电池的电动势测定值，计算铜电极和锌电极的电极电势。

饱和甘汞电极的电极电势温度校正公式：

$$\varphi_{甘汞}/V = 0.2415 - 7.611 \times 10^{-4}(T/K - 298)$$

③ 已知在 25℃ 时 0.1000mol·L^{-1} CuSO$_4$ 溶液中离子的平均离子活度系数为 0.16，0.1000mol·L^{-1} ZnSO$_4$ 溶液中离子的平均离子活度系数为 0.15，根据上面所得的铜电极和锌电极的电极电势，计算铜电极和锌电极的标准电极电势，并与物理化学手册中所列的标准电极电势数据进行比较。

文献值：25℃ 时 $\varphi^{\ominus}_{Cu^{2+}/Cu} = 0.3370V$，$\varphi^{\ominus}_{Zn^{2+}/Zn} = 0.7628V$。

【讨论】

① 电动势测量是高校物理化学实验中的基本实验。传统的实验由电位差计、检流计、工作电源和标准电池四部分组成一套测量电动势装置。该装置有助于学生掌握对消法测量电动势的原理，在测量过程中测量装置不需要从被测信号源吸收电流以保证测得真正的电动势而不是端电压，但使用麻烦，不便于操作。SDC-Ⅱ数字电位差综合测试仪，沿用了普通电位计对消法测量的原理，且具备操作简单、精确度高的优点。

② 测定电池电动势这一方法有非常广泛的应用。例如：平衡常数、解离常数、配合物稳定常数、难溶盐的溶解度、两状态间热力学函数的改变、溶液中的离子活度、活度系数、离子的迁移数、溶液的pH值等均可以通过测定电动势的方法来求得。在分析化学中，电位滴定这一分析方法也是基于测量电动势的方法。

【思考题】

① 为什么不能用伏特计测量电池电动势？

② 对消法测量电池电动势的主要原理是什么？

说明 SDC-Ⅱ数字电位差综合测试仪的使用方法

SDC-Ⅱ数字电位差综合测试仪实物图及前面板如图 2-45 所示，其操作方法如下。

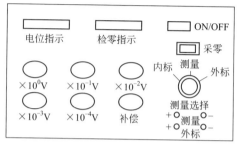

图 2-45　SDC-Ⅱ数字电位差综合测试仪实物图及前面板

1. 开机

用电源线将仪表后面板的电源插座与 220V 电源连接，打开电源开关（ON），预热 15min。

2. 以内标为基准进行测量（本实验采用该方法）

（1）校验

① 用测试线将被测电动势按"+""－"极性与"测量"插孔连接。

② 将"测量选择"旋钮置于"内标"。

③ 将"10^0"位旋钮置于"1"，"补偿"旋钮逆时针旋到底，其他旋钮均置于"0"，此时，"电位指示"显示"1.00000"V。

④ 待"检零指示"显示数值稳定后，按一下"采零"键，此时，"检零指示"应显示"0000"。

（2）测量

① 将"测量选择"旋钮置于"测量"。

② 依次调节"10^0～10^{-4}"5 个旋钮，使"检零指示"显示数值为负且绝对值最小。

③ 调节"补偿"旋钮，使"检零指示"显示为"0000"，此时，"电位指示"数值即为被测电动势的值。

注意：测量过程中，若"检零指示"显示溢出符号"OU.L"，说明"电位指示"显示的数值与被测电动势值相差过大。

3. 以外标为基准进行测量（参考）

（1）校验

① 将已知电动势的标准电池按"+""－"极性与"外标"插孔连接。

② 将"测量选择"旋钮置于"外标"。

③ 依次调节"10^0～10^{-4}"5 个旋钮和"补偿"旋钮，使"电位指示"显示的数值与外标电池数值相同。

④ 待"检零指示"数值稳定后，按一下"采零"键，此时，"检零指示"显示为"0000"。

（2）测量

① 拔出"外标"插孔的测试线，再用测试线将被测电动势按"＋""－"极性接入"测量"插孔。

② 将"测量选择"旋钮置于"测量"。

③ 依次调节"$10^0 \sim 10^{-4}$"5个旋钮，使"检零指示"显示数值为负且绝对值最小。

④ 调节"补偿"旋钮，使"检零指示"为"0000"，此时，"电位指示"数值即为被测电动势的值。

4. 关机

将"补偿"旋钮逆时针旋到底，其他旋钮均置于"0"，然后关闭电源开关（OFF），拔下电源线。

实验10　蔗糖水解反应速率常数的测定

【目的要求】

① 根据物质的光学性质研究蔗糖水解反应，测定其反应速率常数和半衰期。
② 了解旋光仪的基本原理，掌握旋光仪的使用方法。

【基本原理】

反应速率只与某反应物浓度成正比的反应称为一级反应，其速率方程为：

$$r = -\frac{dc}{dt} = kc \tag{2-42}$$

式中，c 是反应物在 t 时刻的浓度；k 是反应速率常数。积分上式得：

$$k = \frac{1}{t}\ln\frac{c_0}{c} \tag{2-43}$$

或

$$\ln c = -kt + \ln c_0 \tag{2-44}$$

式中，c_0 为 $t=0$ 时刻的反应物浓度。

一级反应主要具有以下两个特点：

(1) 以 $\ln c$ 对 t 作图，得一直线，直线斜率 $m = -k$。

(2) 反应物消耗一半所需的时间称为反应的半衰期，用 $t_{1/2}$ 表示。将 $c = \frac{1}{2}c_0$ 代入式(2-43)，得

$$t_{1/2} = \frac{\ln 2}{k} \tag{2-45}$$

上式表明一级反应的半衰期只取决于反应速率常数 k，而与反应物起始浓度 c_0 无关。

蔗糖在水中水解成葡萄糖与果糖的反应式为：

$$\underset{\text{蔗糖}}{C_{12}H_{22}O_{11}} + H_2O \xrightarrow{H^+} \underset{\text{葡萄糖}}{C_6H_{12}O_6} + \underset{\text{果糖}}{C_6H_{12}O_6}$$

为使水解反应加速，反应常常以 H^+ 为催化剂，故在酸性介质中进行。实验表明，该反应的反应速率与蔗糖、水和氢离子三者的浓度均有关。在氢离子浓度不变的条件下，反应速率只与蔗糖浓度和水的浓度有关，但由于水是大量的，反应达终点时，虽有部分水分子参加反应，但与溶质浓度相比可认为它的浓度没有改变，在这种情况下，反应速率只与蔗糖浓度的一次方成正比，其动力学方程式符合式(2-42)，故此反应可视为一级反应（准一级反应）。

蔗糖及其水解产物都是旋光性物质，当反应进行时，如以一束偏振光通过溶液，则可观察到偏振面的转移。偏振面的转移角度称之为旋光度，以 α 表示。因此可利用体系在反应过程中旋光度的改变来度量反应的进程。蔗糖是右旋性物质（比旋光度 $[\alpha]_D^{20} = 66.65°$），产物中葡萄糖也是右旋性物质（比旋光度 $[\alpha]_D^{20} = 52.5°$），而另一产物果糖是左旋性物质（比旋光度 $[\alpha]_D^{20} = -91.9°$）。由于果糖的左旋性大于葡萄糖的右旋性，所以总体上产物呈左旋性质。随着水解反应的进行，产物浓度的增加，偏振面将由右边旋向左边，反应体系的右旋角不断减小，反应至某一瞬间，系统的旋光度恰好等于零，而后就变成左旋，直到蔗糖完全转

化，这时左旋角达到最大值 α_∞。

溶液的旋光度与溶液中所含旋光物质的种类、浓度、液层厚度、光源的波长以及反应时的温度等因素有关。

为了比较各种物质的旋光能力，引入比旋光度 $[\alpha]$ 这一概念，并以下式表示：

$$[\alpha]_D^t = \frac{\alpha}{lc} \tag{2-46}$$

式中，t 为实验时的温度；D 为钠光；α 为旋光度；l 为液层厚度；c 为溶液浓度。

变换式(2-46)为：

$$\alpha = [\alpha]_D^t lc \tag{2-47}$$

由式(2-47)可以看出，当其他条件不变时，旋光度 α 与旋光性物质的浓度成正比，即

$$\alpha = Kc \tag{2-48}$$

式中，K 是与物质的旋光能力、液层厚度、溶剂性质、光源的波长、反应时的温度等有关的常数。

因为上述蔗糖水解反应中，反应物与产物都具有旋光性，其旋光度与浓度成正比，且旋光度具有加和性，所以溶液的旋光度为各组分旋光度之和。设反应时间为 0、t、∞ 时溶液的旋光度分别为 α_0、α_t、α_∞，蔗糖、葡萄糖和果糖的 K 分别为 K_1、K_2 和 K_3，则

$$t=0 \qquad \alpha_0 = K_1 c_{A,0} = K_{反} c_{A,0} \tag{2-49}$$

$$t=\infty \qquad \alpha_\infty = K_2 c_{A,0} + K_3 c_{A,0} = (K_2 + K_3) c_{A,0} = K_{生} c_{A,0} \tag{2-50}$$

$$\begin{aligned} t=t \qquad \alpha_t &= K_1 c_A + K_2 (c_{A,0} - c_A) + K_3 (c_{A,0} - c_A) \\ &= K_{反} c_A + (K_2 + K_3)(c_{A,0} - c_A) \\ &= K_{反} c_A + K_{生} (c_{A,0} - c_A) \end{aligned} \tag{2-51}$$

$$\alpha_0 - \alpha_\infty = (K_{反} - K_{生}) c_{A,0}$$

$$c_{A,0} = \frac{\alpha_0 - \alpha_\infty}{K_{反} - K_{生}} = K'(\alpha_0 - \alpha_\infty) \tag{2-52}$$

而

$$\alpha_t - \alpha_\infty = (K_{反} - K_{生}) c_A$$

$$c_A = \frac{\alpha_t - \alpha_\infty}{K_{反} - K_{生}} = K'(\alpha_t - \alpha_\infty) \tag{2-53}$$

那么

$$k = \frac{1}{t} \ln\left(\frac{c_{A,0}}{c_A}\right) = \frac{1}{t} \ln \frac{\alpha_0 - \alpha_\infty}{\alpha_t - \alpha_\infty} \tag{2-54}$$

将上式改写成：

$$\ln(\alpha_t - \alpha_\infty) = -kt + \ln(\alpha_0 - \alpha_\infty) \tag{2-55}$$

由式(2-55)可以看出，如以 $\ln(\alpha_t - \alpha_\infty)$ 对 t 作图可得一直线，由直线的斜率即可求得反应速率常数 k，进而可求得该反应的半衰期；由直线的截距可求得 α_0。

【仪器与试剂】

WZZ-2S 数字式（或自动）旋光仪 1 台；电子秒表 1 块；旋光管 1（或 2）支；托盘天平 1 台；锥形瓶（100mL）2 个；容量瓶（50mL）1 个；移液管（25mL）2 支；烧杯（1000mL、50mL）各 1 个；滤纸若干；擦镜纸 1 本；电炉（或恒温磁力搅拌器）1 台；吸耳球 1 个。

2mol·L^{-1} HCl 溶液；蔗糖（AR）。

【实验步骤】

1. 旋光仪零点的校正

打开旋光仪开关预热（使用方法见本实验后的说明Ⅰ和说明Ⅱ）。洗净旋光管的各部件，将旋光管一端的盖子旋紧，向管内注入蒸馏水，使液体在管口形成一凸面，将玻璃盖片从正上方盖下，再盖上套盖并旋紧，勿使其漏水或有气泡形成（若有小气泡，将其赶到旋光管的胖肚处）。操作时不要过分用力，以不漏为准，以免压碎玻璃片。用擦镜纸擦净旋光管两端玻璃片，然后放入旋光仪中，盖上槽盖，对旋光仪进行零点校正（按下"清零"键，使液晶屏显示为零）。校正后取出旋光管，倒出蒸馏水（注意：WZZ-2S 自动旋光仪备有 2 个旋光管，取出即可）。

2. 蔗糖水解过程中 α_t 的测定

用托盘天平称取 10g 蔗糖，放入 50mL 烧杯中，加蒸馏水使之溶解（如溶液混浊需进行过滤），并用 50mL 容量瓶配制成溶液。用移液管取 25mL 蔗糖溶液注入 100mL 干燥的锥形瓶中，用另一支移液管取 25mL 2mol·L^{-1}HCl 溶液加到盛有蔗糖溶液的锥形瓶中混合，并在 HCl 溶液加入一半时开动电子秒表作为反应的开始时间。不断振荡摇动，迅速取少量混合液清洗旋光管两次，然后以此混合液注满旋光管，盖好玻璃片，旋紧套盖（检查是否漏液或形成气泡），擦净旋光管两端玻璃片，立刻置于旋光仪中，盖上槽盖，待显示屏显示的数值稳定时测量该时间 t 时溶液的旋光度 α_t。测定时要迅速准确，先记下时间，再读取旋光度数值。然后，在测定第一个旋光度数值之后的第 5min、10min、15min、20min、30min、50min、75min、100min 各测一次。

需要注意的是，测到 30min 后，每次测量间隔时应将钠光灯熄灭，以免因长期过热使用而损坏，但下一次测量之前需提前 10min 打开钠光灯，使光源稳定（注意：WZZ-2S 数字式旋光仪）。

3. α_∞ 的测定

为了得到反应结束时的旋光度 α_∞，将步骤 2 中的混合液保留好，48h 后重新观测其旋光度，此值即为 α_∞。也可将剩余的混合液置于 50～60℃的水浴中（恒温磁力搅拌器或电炉加热）温热 30min，以加速水解反应，然后冷却至实验温度。按上述操作，将此混合液装入旋光管，测其旋光度，此值即可认为是 α_∞。

实验结束后应立即将旋光管洗净擦干，防止酸对旋光管的腐蚀和蔗糖对玻璃片、套盖的黏合；另外，需洗净其他玻璃仪器。

【注意事项】

① 实验所用的盐酸溶液应准确配制，并且用移液管准确量取。

② 因温度对反应速率影响较大，所以整个实验过程应保持恒温。反应液需要预先恒温，混合后的操作要迅速。（注意：本实验也可在室温下进行。要求每隔 20min 记 1 次室温，取平均值，作为实验温度。）

③ 用反应液清洗旋光管时，不要用量太多，以免影响到 α_∞ 测量。如果测定 α_∞ 时反应液不足，可利用测定 α_t 的反应液，需重新用水浴加热。

④ 反应液酸度很大，一定要擦净后再放入旋光仪试样室的试样槽中，以免腐蚀仪器。测量完毕应立即洗净旋光管。

⑤ 旋光管中不能有气泡存在。

⑥ 用水浴加热反应液时，温度不宜过高，以免产生副反应，使溶液变黄。
⑦ 由于反应初始阶段速率较快，旋光度变化大，因此要注意时间的准确性。

【数据记录与处理】

室温：_____℃ 　　　　　大气压：_____kPa
实验温度：_____℃ 　　　盐酸浓度：_____$mol \cdot L^{-1}$

① 将所测得的实验数据记录于表 2-17。

α_∞：_____

表 2-17　蔗糖水解反应实验数据记录与处理

反应时间 t/min	α_t/(°)	$\alpha_t - \alpha_\infty$/(°)	$\ln[(\alpha_t - \alpha_\infty)/(°)]$	k/min^{-1}	室温/℃

② 以 $\ln(\alpha_t - \alpha_\infty)$ 对 t 作图，由所得直线之斜率求 k 值，由截距求 α_0。
③ 也可以由式（2-54）求各个时间的 k 值，再取 k 的平均值。
④ 计算蔗糖水解反应的半衰期 $t_{1/2}$ 值。

【讨论】

蔗糖水解反应是化学动力学中最早经过定量研究的一个反应。不论在实验原理上还是在实验测定方法上都具有代表性，因而几乎被国内所有的物理化学实验教材所选用。

本实验所导出的 $c_0 \propto (\alpha_0 - \alpha_\infty)$ 和 $c \propto (\alpha_t - \alpha_\infty)$ 两式，是基于旋光度与浓度的线性关系 $\alpha = Kc$ 以及旋光度所具有的加和性。事实上，对于具有这种性质的其他物理量 Z（如压力、体积、电导、透光率等），也有 $c_0 \propto (Z_0 - Z_\infty)$ 和 $c \propto (Z_t - Z_\infty)$ 正比关系，但选用哪个物理量，要根据反应体系的特点而定。

本实验的实验手段——旋光度的测定，在基础物理化学实验中独树一帜。利用物质的旋光度可以鉴别光学异构体、检验物质的纯度及测量液体的密度等。

【思考题】

① 为什么可用蒸馏水来校正旋光仪的零点？
② 在旋光度的测量中为什么要对零点进行校正？它对旋光度的精确测量有什么影响？在本实验中，若不进行校正对结果是否有影响？
③ 为什么配制蔗糖溶液可用托盘天平称量？

说明 I　WZZ-2S 数字式旋光仪的使用方法

WZZ-2S 数字式旋光仪如图 2-46 所示，其液晶屏和功能键如图 2-47 所示。

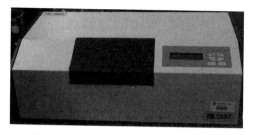

图 2-46　WZZ-2S 数字式旋光仪实物图

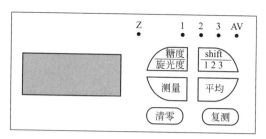

图 2-47　WZZ-2S 数字式旋光仪液晶屏和功能键示意图

仪器操作方法如下。

① 接通电源。将随机所附电源线一端插 220V、50Hz 电源（最好是稳定电源），另一端插入仪器背后的电源插座。

② 打开电源开关（见仪器左侧——ON），等待 5min 使钠灯发光稳定。

③ 打开光源开关（见仪器左侧——DC），此时钠光灯在直流供电下点燃。

④ 准备旋光管。

⑤ 按"测量"键（见图 2-47），这时液晶屏应有数字显示。（注意：开机后"测量"键只需按一次，如果误按该键，则仪器停止测量，液晶屏无显示，可再次按"测量"键，液晶屏重新显示，此时需重新校零。若液晶屏已经有数字显示，则不需要按"测量"键。）

⑥ 清零。在已经准备好的旋光管中注入蒸馏水或待测试样的溶剂，放入旋光仪试样室的试样槽中，按下"清零"键（见图 2-47），使液晶屏显示为零。[注意：一般情况下本仪器如在不放旋光管时示数为零，放入无旋光度溶剂后（例如蒸馏水）测数也为零，但需注意倘若在测试光束的通路上有小气泡或旋光管的玻璃片上有油污、不洁物或将旋光管玻璃片旋的过紧而引起附加旋光数，将会影响空白测数，在有空白测数存在时必须仔细检查上述因素或者用装有溶剂的空白旋光管放入试样槽后再清零。]

⑦ 测试。将旋光管中的空白溶剂倒掉，注入待测样品，盖好盖，擦净后放入试样室的试样槽中，液晶屏显示所测的旋光度值，此时指示灯"1"（见图 2-47）点亮。（注意：旋光管内腔应用少量被测试样冲洗 3～5 次。）

⑧ 复测。按"复测"键（见图 2-47）一次，指示灯"2"点亮，表示仪器显示第二次测量结果，再次按"复测"键，指示灯"3"点亮，表示仪器显示第三次测量结果。按"shift/123"键（见图 2-47），可切换显示各次测量的旋光度值，按"平均"键，显示平均值，指示灯"AV"点亮。

注意：若不需要复测，则这步不需要做。

⑨ 测深色样品（注意：本实验不做该步骤）。当被测样品透过率接近 1% 时，仪器的示数重复性将有所降低，此系正常现象。

⑩ 糖度测试（注意：本实验不做该步骤）。仪器开机后的默认状态为测量旋光度，（液晶屏显示 "α"）。如需测量糖度，可按"糖度/旋光度"（或"Z/α"）键，指示灯"Z"点亮（或液晶屏显示"Z"）。

注意：当样品室中有旋光管时，按"糖度/旋光度"（或"Z/α"）键，指示灯"Z"点亮（或液晶屏显示"Z"），结果显示"0.000"，必须重新放入旋光管，所示值才为该样品糖度。

说明Ⅱ　WZZ-2S 自动旋光仪的使用方法

WZZ-2S 自动旋光仪如图 2-48 所示，其液晶屏和功能键如图 2-49 所示。该型号旋光仪功能键中没有"测量"键和指示灯，其操作步骤基本与 WZZ-2S 数字式旋光仪操作步骤相同，但步骤③和⑤不需要，且步骤⑧和⑩中没有指示灯点亮。

 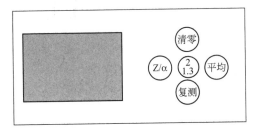

图 2-48　WZZ-2S 自动旋光仪实物图　　图 2-49　WZZ-2S 自动旋光仪液晶屏和功能键示意图

实验11　乙酸乙酯皂化反应速率常数的测定

【目的要求】
① 掌握电导法测定皂化反应速率常数的原理，进一步理解二级反应的特点。
② 学会用图解法求二级反应的速率常数，并计算该反应的活化能。
③ 熟悉电导率仪（ZHFY-Ⅰ乙酸乙酯皂化反应测定装置）的使用方法。

【基本原理】

1. 乙酸乙酯皂化反应速率方程

乙酸乙酯皂化反应是一个二级反应，其反应式为：

$$CH_3COOC_2H_5 + OH^- \longrightarrow CH_3COO^- + C_2H_5OH$$

设反应物乙酸乙酯与碱的起始浓度相同，则反应速率方程为：

$$-\frac{dc}{dt} = kc^2 \tag{2-56}$$

积分后得反应速率常数表达式：

$$k = \frac{1}{tc_0} \times \frac{c_0 - c}{c} \tag{2-57}$$

式中，c_0 是反应物的起始浓度；c 是反应物在反应进行中 t 时刻的浓度；k 是反应速率常数。

为求得某温度下的 k 值，需知该温度下反应过程中任一时刻 t 反应物的浓度 c。测定这一浓度的方法很多，本实验采用电导法。

2. 用电导法测定浓度的依据

① 在稀溶液中，每种强电解质的电导与其浓度成正比，而且溶液的总电导等于组成溶液的各离子的电导之和。

② 溶液中乙酸乙酯和乙醇不具有明显的导电性，它们的浓度变化不致影响电导的数值。反应过程中 Na^+ 的浓度始终不变，它对溶液的电导具有固定的贡献，与电导的变化无关。

③ 体系中只是 OH^- 和 CH_3COO^- 的浓度变化对电导的影响较大。随着反应的进行，导电能力强的 OH^- 逐渐被导电能力弱的 CH_3COO^- 取代，所以溶液的电导逐渐减小，故可以通过反应系统电导的变化来度量反应的进程。

3. 电导法测定速率常数

在一定温度下，设反应系统在 $t=0$，$t=t$ 和 $t=\infty$ 时的电导分别以 G_0，G_t 和 G_∞ 表示。实质上 G_0 是反应物 NaOH 溶液浓度为 c_0 时的电导，G_∞ 是产物 CH_3COONa 溶液浓度为 c_0 时的电导，而 G_t 是 NaOH 溶液浓度为 c 时的电导与 CH_3COONa 溶液浓度为 (c_0-c) 时的电导之和，则：

$t=0$ 　　　　　　　　　　　$G_0 = K_1 c_0$
$t=\infty$ 　　　　　　　　　　$G_\infty = K_2 c_0$
$t=t$ 　　　　　　　　　　　$G_t = K_1 c + K_2(c_0 - c)$

式中，K_1，K_2 是与温度、溶剂和电解质性质有关的比例常数。

整理上面三式可得：

$$\frac{G_0 - G_t}{G_t - G_\infty} = \frac{c_0 - c}{c} \tag{2-58}$$

代入式(2-57)得：

$$k = \frac{1}{tc_0} \times \frac{G_0 - G_t}{G_t - G_\infty} \tag{2-59}$$

或

$$G_t = \frac{1}{kc_0} \times \frac{G_0 - G_t}{t} + G_\infty \tag{2-60}$$

由式(2-60)可知，以 G_t 对 $\frac{G_0 - G_t}{t}$ 作图可得一直线，直线斜率为 $\frac{1}{kc_0}$，据此可求得反应速率常数 k，由截距可求得 G_∞。

二级反应的半衰期为：$t_{\frac{1}{2}} = \frac{1}{kc_0}$ \hfill (2-61)

即上述作图所得直线的斜率。

若由实验求得两个不同温度下的速率常数 k，则可利用阿伦尼乌斯(Arrhenius)方程：

$$\ln \frac{k_2}{k_1} = \frac{E_a}{R} \left(\frac{1}{T_1} - \frac{1}{T_2} \right) \tag{2-62}$$

计算出反应的活化能 E_a。

因为 $G = \kappa \frac{A}{l}$，式中，κ 为溶液的电导率，故 $\kappa = G \frac{l}{A}$。对同一电导电极，$\frac{l}{A}$ 为常数 K_{cell}，$\kappa = K_{cell} G$，则：$\frac{G_0 - G_t}{G_t - G_\infty} = \frac{\kappa_0 - \kappa_t}{\kappa_t - \kappa_\infty}$，因此，可将式(2-58)、式(2-59)和式(2-60)中的 G 用 κ 代替。本实验即是改用电导率仪代替电导仪测量溶液的 κ。

【仪器与试剂】

ZHFY-Ⅰ乙酸乙酯皂化反应测定装置1套；SYC-15C超级恒温水浴1套；DJS-1C铂黑电导电极1支；叉形电导池（带支架）1支；大试管2个；烧杯（250mL）2个；移液管（10mL）3个；锥形瓶（250mL）2个；电吹风器（或烘干器）（公用）1个；吸耳球1个。

$0.02 \text{mol} \cdot \text{L}^{-1}$ NaOH 溶液；$0.02 \text{mol} \cdot \text{L}^{-1}$ $CH_3COOC_2H_5$ 溶液；$0.01 \text{mol} \cdot \text{L}^{-1}$ NaOH 溶液（新配制）；$0.01 \text{mol} \cdot \text{L}^{-1}$ CH_3COONa 溶液。

【实验步骤】

ZHFY-Ⅰ乙酸乙酯皂化反应测定装置前面板如图2-50所示。

1. 实验前准备

将电导电极插头插入电极插座。接通电源，打开仪器（乙酸乙酯皂化反应测定装置）开关（仪器处于"校准"状态，"校准"指示灯亮），让仪器预热15min。

2. 调节超级恒温水浴温度（详见实验1）

将温度传感器放入超级恒温水浴内，打开电源开关，仪器呈"置数"状态，在该状态下将温度设置为25℃，再按"工作/置数"键，呈"工作"状态。打开加热开关和搅拌开关。

3. 调节电导率仪

① 按"量程/选择"键进行选择，将仪器的量程选择器按到所需的测量范围 $20 \text{mS} \cdot \text{cm}^{-1}$。

② 在"校准"状态下：a. 将"温度补偿"旋钮的标志线置于被测液的实际温度相应位

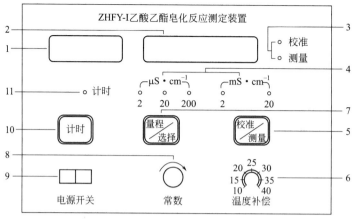

图 2-50 ZHFY-Ⅰ乙酸乙酯皂化反应测定装置前面板示意图

1—计时显示窗口；2—测量数据显示窗口；3—工作状态灯；4—量程灯；5—功能键：校准/测量转换；
6—温度补偿：手动温度补偿；7—量程转换：按此键量程从 $20mS \cdot cm^{-1} \sim 2\mu S \cdot cm^{-1}$ 循环切换量程；
8—常数调节旋钮：调节显示相应数值；9—电源开关；10—计时键：在测量
状态下，按此键显示实验反应时间，单位为"min"；11—计时灯

置。b. 调节"常数"旋钮，使仪器所显示值为所用电极的常数标称值。如：电极常数为"0.99"，调"常数"旋钮显示 9900；电极常数为"1.03"，调"常数"旋钮显示 1030（忽略小数点）。c. 按"校准/测量"键，使仪器处于"测量"工作状态（测量指示灯亮）。

4. 25℃时 κ_0、κ_∞ 的测定

取适量（液面浸没铂黑电导电极为准）$0.01mol \cdot L^{-1}$ 的 NaOH 溶液和 $0.01mol \cdot L^{-1}$ 的 CH_3COONa 溶液，分别注入干燥的大试管①、②中，在①中插入电导电极，置于恒温水浴中恒温 5min，待恒温后测其电导率（此值即为25℃的 κ_0）。取出电导电极，分别用蒸馏水和试管②中的溶液淋洗两次后，放入试管②中，测其电导率（即为25℃时的 κ_∞）。

5. 25℃时 κ_t 的测定

在叉形电导池（如图 2-51 所示）的直管 B 中加 10mL $0.0200mol \cdot L^{-1} CH_3COOC_2H_5$ 溶液，支管 A 中加入 10mL $0.0200mol \cdot L^{-1} NaOH$ 溶液，在恒温水浴中恒温 5min 后，混合两溶液，同时按下"计时"键，计时开始，在恒温水浴中将叉形电导池中溶液混合均匀。当反应进行 6min 时，把洗净的电导电极插入直管中测电导率 1 次，并在 9min、12min、15min、20min、25min、30min、35min、40min、50min、60min 时各测电导率 1 次，记录电导率 κ_t 及对应时间 t。实验结束时按下"计时"键，计时停止。

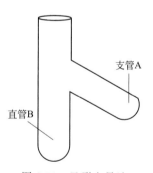

图 2-51 叉形电导池

注意：计时功能在测量状态时有效；计时状态时按"量程/选择"键无效。

6. 35℃时 κ_0、κ_∞ 和 κ_t 的测定

调节恒温水浴温度为 35℃，重复上述步骤 4、5 测定 κ_0、κ_∞ 和 κ_t，但在测定 κ_t 时应按反应进行 4min、6min、8min、10min、12min、15min、18min、21min、24min、27min、30min 时测其电导率。

7. 实验结束

实验结束后,将铂黑电导电极用蒸馏水淋洗干净,并置于蒸馏水中,洗净叉形电导池、大试管等仪器,关闭仪器设备开关,拔出电源。

【注意事项】

① 本实验所用的蒸馏水需事先煮沸,待冷却后使用,以免溶有的 CO_2 致使 NaOH 溶液浓度发生变化。

② 分别向叉形电导池 A 管、B 管注入 NaOH 和 $CH_3COOC_2H_5$ 溶液时,一定要小心,严格分开恒温。

③ 测定 25℃、35℃ 的 κ_0 时,NaOH 溶液均需临时配制。

④ 所用 NaOH 溶液和 $CH_3COOC_2H_5$ 溶液浓度必须相等。

⑤ 温度的变化对反应速率及电导率值本身均有较大影响,因此一定要保证恒温,且恒温时管口要塞紧。

⑥ 待恒温后,两种反应液迅速混合均匀。因反应初期电导率值变化较大,要确保计时的准确性。为确保 NaOH 溶液与 $CH_3COOC_2H_5$ 溶液混合均匀,需使该两溶液在叉形电导池中多次来回往复。

⑦ 实验操作过程中不要触及电导电极的铂黑,不可用纸擦拭电导电极上的铂黑,以免铂黑脱落而改变电导池常数。

⑧ $CH_3COOC_2H_5$ 溶液需使用时临时配制,因该稀溶液会缓慢水解($CH_3COOC_2H_5 + H_2O \longrightarrow CH_3COOH + C_2H_5OH$),影响 $CH_3COOC_2H_5$ 的浓度,且水解产物(CH_3COOH)又会消耗部分 NaOH。在配制溶液时,因 $CH_3COOC_2H_5$ 易挥发,称量时可预先在称量瓶中放入少量已煮过的蒸馏水,且动作迅速。

【数据记录与处理】

室温:_____℃   大气压:_____kPa

实验温度:_____℃ $c_0 =$ _____ $mol \cdot L^{-1}$

① 将各实验数据填于表 2-18 中。

② 分别以 25℃ 和 35℃ 时的 κ_t 对 $\dfrac{\kappa_0 - \kappa_t}{t}$ 作图,求其直线的斜率,并由此计算出 25℃ 和 35℃ 时的 k 值。

乙酸乙酯皂化反应速率常数文献值:25℃,$6.4254 L \cdot mol^{-1} \cdot min^{-1}$;35℃,$11.9411 L \cdot mol^{-1} \cdot min^{-1}$。

③ 利用所作之图求两温度下的 κ_∞,与测量所得之 κ_∞ 进行比较。

④ 求此反应在 25℃ 和 35℃ 时的半衰期 $t_{1/2}$ 值。

⑤ 计算此反应的活化能 E_a。

表 2-18 不同反应时刻溶液的电导率

t/min	25℃ $\kappa_0 =$ $\kappa_\infty =$		
	$\kappa_t / S \cdot m^{-1}$	$\kappa_0 - \kappa_t / S \cdot m^{-1}$	$[(\kappa_0 - \kappa_t)/t] / S \cdot m^{-1} \cdot min^{-1}$
6			
9			
12			

续表

t/min	25℃ $\kappa_0=$		$\kappa_\infty=$
	$\kappa_t/\mathrm{S\cdot m^{-1}}$	$\kappa_0-\kappa_t/\mathrm{S\cdot m^{-1}}$	$[(\kappa_0-\kappa_t)/t]/\mathrm{S\cdot m^{-1}\cdot min^{-1}}$
15			
20			
25			
30			
35			
40			
50			
60			

t/min	35℃ $\kappa_0=$		$\kappa_\infty=$
	$\kappa_t/\mathrm{S\cdot m^{-1}}$	$\kappa_0-\kappa_t/\mathrm{S\cdot m^{-1}}$	$[(\kappa_0-\kappa_t)/t]/\mathrm{S\cdot m^{-1}\cdot min^{-1}}$
4			
6			
8			
10			
12			
15			
18			
21			
24			
27			
30			

【讨论】

① 乙酸乙酯皂化反应体系适合于电导法测定，是基于电导与浓度的正比关系以及电导具有加和性。根据电化学的电导理论，电解质溶液的电导 G 与浓度 c 的关系为：

$$G=\frac{\Lambda_\mathrm{m}}{K_\mathrm{cell}}c$$

式中，Λ_m 为溶液的摩尔电导率，$K_\mathrm{cell}=\frac{l}{A}$ 为电导池常数。对 1-1 价型强电解质的稀溶液，Λ_m 随浓度变化不大，因此可近似认为 G 与 c 成线性关系，其实质是忽略了离子间的相互作用。本实验反应体系初始浓度选 $c_0=0.01\mathrm{mol\cdot L^{-1}}$，就是既保证了这种线性关系，又能使电导值有较明显的变化。

② 乙酸乙酯皂化反应为吸热反应，反应初期表现尤为严重，为防止其温度变化，在混合后并不立即计数，而是在混合后的第 4（或第 6）min 开始计数，否则将使 G_t 数值偏低，从而影响 G_t 对 $(G_0-G_t)/t$ 作图的线性关系。

【思考题】

① 为什么以 $0.01\mathrm{mol\cdot L^{-1}}$ 的 NaOH 和 $0.01\mathrm{mol\cdot L^{-1}}$ 的 $\mathrm{CH_3COONa}$ 溶液测得的电导

率，就可以认为是 κ_0 和 κ_∞？

② 若反应物 $CH_3COOC_2H_5$ 和 NaOH 的起始浓度不同，分别为 a 和 b，则速率方程式可表示为：

$$\ln \frac{\kappa_t + \kappa_0\left(\dfrac{a}{b}-1\right)-\kappa_c \dfrac{a}{c}}{\kappa_t - \kappa_c \dfrac{a}{c}} = k(a-b)t + \ln \frac{a}{b}$$

式中，κ_0 为反应开始时体系的电导率；κ_t 为时刻 t 时体系的电导率；κ_c 为反应进行完全后体系中产物 CH_3COONa 的电导率；c 为完成反应后 CH_3COONa 的浓度（若 $a>b$ 时，$c=b$；若 $a<b$ 时，$c=a$），试推导上述方程式。

③ 若反应物的初始浓度 a 和 b 不相等，则实验应如何进行？

实验 12　丙酮碘化反应速率常数的测定

【目的要求】

① 利用分光光度计测定酸催化时丙酮碘化反应的反应级数、速率常数及活化能。
② 通过实验加深对复杂反应特征的理解。
③ 掌握用孤立法确定反应级数的方法。
④ 进一步巩固分光光度计的使用方法。

【基本原理】

大多数化学反应是由若干个基元反应组成的复杂反应。这类复杂反应的反应速率和反应物活度（或浓度）之间的关系大多不能用质量作用定律。对于这类复杂反应，可采用一系列实验方法获得可靠的实验数据，建立反应速率方程，推测反应机理，提出反应模型。

孤立法是动力学研究中常用的方法。设计一系列溶液，其中只改变某一物质的浓度，而其他物质的浓度均不变，借此可求得该物质的反应级数。同样也可求得其他物质的反应级数，从而确立速率方程。

丙酮碘化反应是一复杂反应，初始阶段反应方程式为：

$$CH_3COCH_3 + I_2 \xrightarrow{H^+} CH_3COCH_2I + H^+ + I^-$$

H^+ 是催化剂，由于反应本身能生成 H^+，所以，这是一个自催化反应。又因为反应并不停留在生成一元碘化丙酮上，反应还可继续下去。所以应选择适当的反应条件，测定初始阶段的反应。该反应的速率方程可表示为：

$$r = -\frac{dc_A}{dt} = -\frac{dc_{I_2}}{dt} = \frac{dc_E}{dt} = kc_A^\alpha c_{I_2}^\beta c_{H^+}^\gamma \tag{2-63}$$

式中，c_E、c_A、c_{I_2}、c_{H^+} 分别为碘化丙酮、丙酮、碘、盐酸的浓度（$mol \cdot L^{-1}$）；k 为速率常数；指数 α、β、γ 分别为丙酮、碘和氢离子的反应级数。

如反应物碘是少量的，而丙酮和酸对碘是过量的，则反应在碘完全消耗以前，丙酮和酸的浓度可以认为基本保持不变。实验表明，在一般的酸度条件下，该反应对碘的反应级数是零，即 $\beta = 0$。因而反应直到碘全部消耗之前，反应速率将是常数。即，

$$r = \frac{dc_E}{dt} = kc_A^\alpha c_{H^+}^\gamma = 常数 \tag{2-64}$$

由 $\frac{dc_E}{dt} = -\frac{dc_{I_2}}{dt}$ 知，如果测得反应过程中碘浓度随时间的变化率，就可以求得反应速率 r。

由于碘在可见光区有一个比较宽的吸收带，而在这个吸收带中盐酸、丙酮、碘化丙酮溶液没有明显的吸收，所以本实验可采用分光光度法来测定不同时刻反应物碘浓度的变化，从而测量反应进程。

根据 Lambert-Beer 定律，若指定波长的光通过碘溶液后光强为 I（即透射光强度），通过蒸馏水后的光强为 I_0（即入射光强度），则透光率 T 可表示为：

$$T = \frac{I}{I_0} \tag{2-65}$$

并且透光率与碘的浓度有如下关系：
$$\lg T = -alc_{I_2} \tag{2-66}$$

式中，l 为比色皿光径长度；a 是取 10 为底的对数时的吸收系数。al 可通过已知浓度的碘溶液 T 的测量来求得。

若将通过蒸馏水的透光率设为 100，通过溶液的透光率为 T，则有：
$$al = (\lg 100 - \lg T)/c_{I_2} \tag{2-67}$$

将上述公式经过数学处理，可得如下公式：
$$\lg T = kalc_A^\alpha c_{H^+}^\gamma t + C \tag{2-68}$$

式中，C 为积分常数。若 $\lg T$ 对时间 t 作图，则直线斜率 m 为
$$m = kalc_A^\alpha c_{H^+}^\gamma \tag{2-69}$$

比较式(2-64)、式(2-69) 两式可得
$$r = m/(al) \tag{2-70}$$

为了确定反应级数 α，至少进行两次实验，用脚注数字分别表示各次实验。当丙酮初始浓度不同，而氢离子、碘的初始浓度分别相同时，即：
$$c_{A,2} = uc_{A,1}, \qquad c_{H^+,2} = c_{H^+,1}, \qquad c_{I_2,2} = c_{I_2,1}$$

则有：
$$\frac{r_2}{r_1} = \frac{kc_{A,2}^\alpha c_{H^+,2}^\beta c_{I_2,2}^\gamma}{kc_{A,1}^\alpha c_{H^+,1}^\beta c_{I_2,1}^\gamma} = \frac{u^\alpha c_{A,1}^\alpha}{c_{A,1}^\alpha} = u^\alpha$$
$$\alpha = (\lg r_2/r_1)/\lg u = (\lg m_2/m_1)/\lg u \tag{2-71}$$

同理，当丙酮、碘的初始浓度分别相同，而酸的浓度不同时，即：
$$c_{A,3} = c_{A,1}, \qquad c_{H^+,3} = vc_{H^+,1}, \qquad c_{I_2,3} = c_{I_2,1}$$

有：
$$\gamma = (\lg r_3/r_1)/\lg v = (\lg m_3/m_1)/\lg v \tag{2-72}$$

当丙酮、酸的初始浓度分别相同，而碘的浓度不同时，有：
$$c_{A,4} = c_{A,1}, \qquad c_{H^+,4} = c_{H^+,1}, \qquad c_{I_2,4} = wc_{I_2,1}$$
$$\beta = (\lg r_4/r_1)/\lg w = (\lg m_4/m_1)/\lg w \tag{2-73}$$

故而做四次实验，可求得反应级数 α、β、γ。

根据式(2-69)，由反应级数、反应速率和各初始浓度数据可算出速率常数 k。

由两个不同温度的反应速率常数 k_1 与 k_2 和 Arrhenius 公式：
$$E_a = 2.303R \frac{T_2 T_1}{T_2 - T_1} \lg \frac{k_2}{k_1}$$

可以估算反应的活化能。

【仪器与试剂】

分光光度计 1 台；SYP-Ⅲ玻璃恒温水浴 1 套；电子秒表 1 块；电吹风器（或烘箱）（公用）1 个；50mL 容量瓶 7 个；移液管（5mL、10mL）各 3 支；吸耳球 2 个；擦镜纸 1 本。0.01mol·L^{-1} I$_2$ 溶液；1mol·L^{-1} HCl 溶液；2mol·L^{-1} 丙酮溶液。

【实验步骤】

① 检查实验设备、仪器、试剂是否完好齐全。电源接线是否正确、牢固，各个调节旋钮的起始位置是否正确。

② 开启分光光度计电源开关，波长调到 500nm 的位置上，仪器预热 20min。开启玻璃

恒温水浴电源开关，调节恒温水浴温度为25℃。

③ 打开分光光度计试样室盖，将装有蒸馏水的比色皿（光径长为2cm）放到比色皿架上，使之处在光路中。调节透光率"0"旋钮，使数字显示为"00.0"。盖上试样室盖，调节透光率"100%"旋钮，使数字显示为"100.0"。[注意：这一步因分光光度计的型号不同，操作步骤也不同，目的是校准透光率（或光密度）的零点和量程。]

④ 求 al 值。在 50mL 容量瓶中配制 $0.001 mol \cdot L^{-1}$ 碘溶液，取另一比色皿，用配好的碘溶液洗涤两次，再注入 $0.001 mol \cdot L^{-1}$ 碘溶液，放到比色皿架的另一挡位置上，测其透光率 T。更换碘溶液重复三次，取平均值，求 al 值。

⑤ 测定25℃时丙酮碘化反应的透光率 T。

a. 用移液管吸取 $0.01 mol \cdot L^{-1}$ 标准碘溶液 10mL、10mL、10mL、5mL，分别注入已编号（1~4号）的1号、2号、3号、4号干净的50mL容量瓶中。

b. 另取1支移液管分别向1~4号容量瓶中加入 $1 mol \cdot L^{-1}$ 标准 HCl 溶液 5mL、5mL、10mL、5mL，再分别注入少量蒸馏水（为什么？），盖上瓶塞，置于恒温水浴中恒温。

c. 再取洗净的 50mL 容量瓶 2 个，分别注入 $2 mol \cdot L^{-1}$ 标准丙酮溶液和蒸馏水，置于恒温水浴中恒温。

d. 待达到恒温后（10min左右），用移液管吸取已恒温的丙酮溶液 10mL 迅速加入 1 号容量瓶中，当丙酮溶液加到一半时电子秒表开始计时，用恒温的蒸馏水稀释至刻度，迅速摇匀。

e. 用1号容量瓶中溶液洗涤比色皿3次后，迅速倒入比色皿中，用擦镜纸擦干玻璃外壁，放入比色皿架上，测其透光率 T。每隔 0.5min 测量 1 次，直至取得 20 个数据。在测量过程中，需经常用蒸馏水校准透光率的"0"点和"100"点。

f. 重复第 d、e 步骤，配制和测量表 2-19 中的 2 号、3 号、4 号混合溶液及其透光率。

⑥ 用⑤中所述方法测定另一温度下（如：30℃）丙酮碘化反应的透光率 T。

表 2-19　丙酮碘化反应待测量溶液的配比

容量瓶号	标准碘溶液/mL	标准HCl溶液/mL	标准丙酮溶液/mL	蒸馏水/mL
1	10	5	10	25
2	10	5	5	30
3	10	10	10	20
4	5	5	10	30

【注意事项】

① 反应前，应将容量瓶洗净烘干。比色皿应洗净，用完后仍应洗干净，放回盒内。任何时候，不得用手拿捏比色皿的光面。

② 碘液见光易分解，所以从溶液配制到测量应尽量迅速。

③ 在配制溶液过程中，注意溶液加入顺序，丙酮溶液要最后加入容量瓶中，并且丙酮溶液加入后应迅速进行测定。在测量某一溶液时，其他容量瓶的丙酮溶液不要加。

④ 在测量透光率的过程中，随时检查"0"和"100"点。

⑤ 计算 k 时要用到初始浓度，因此实验中所用的溶液浓度一定要配制准确。

【数据记录与处理】

室温：_____℃　　　　　　　大气压：_____kPa

① 求 al。将实验步骤④测得数据填入表2-20，并利用式(2-67)，求出 al。

$c_{I_2} = $ _____ $\text{mol} \cdot \text{L}^{-1}$

表 2-20　碘溶液的透光率

透光率			平均值	al
1	2	3		

② 表 2-21 为记录混合溶液反应时，透光率与时间的关系。

恒温温度：_____ ℃

表 2-21　混合溶液反应时透光率与时间的关系

1			2			3			4		
t/min	T	$\lg T$	t/min	T	$\lg T$	t/min	T	$\lg T$	t/min	T	$\lg T$

③ 表 2-22 为混合溶液中丙酮、盐酸、碘的初始浓度。

表 2-22　混合溶液中丙酮、盐酸、碘的初始浓度

容量瓶号	$c_A/\text{mol} \cdot \text{L}^{-1}$	$c_{H^+}/\text{mol} \cdot \text{L}^{-1}$	$c_{I_2}/\text{mol} \cdot \text{L}^{-1}$
1			
2			
3			
4			

④ 由表 2-21 中数据，用 $\lg T$ 对时间 t 作图，应得一直线，求直线斜率 m。

⑤ 由式(2-70)～式(2-73) 计算反应级数，当计算结果为小数时应取整。

⑥ 由式(2-69) 据表 2-22 中数据，计算反应速率常数 k（令 $\alpha=1$，$\beta=0$，$\gamma=1$），注意 c_A，c_{H^+} 应取值多少？

⑦ 利用不同温度下的 k 值，求丙酮碘化反应的活化能。

【思考题】

① 动力学实验中，正确计量时间是实验的关键。本实验从反应开始混合，到开始计时，中间有一段不算很短的操作时间。这对实验有无影响？为什么？

② 丙酮的卤化反应是复杂反应，为什么？

③ 影响本实验结果精确度的主要因素有哪些？

④ 速率常数 k 与温度有关，若本实验没有安装恒温装置，会对 k 的影响如何？所测得的 k 是室温下的 k，还是暗箱（试样室）温度时的 k？

实验 13　溶液中的吸附作用和表面张力的测定

【目的要求】

① 测定不同浓度的正丁醇水溶液的表面张力。
② 由表面张力-浓度曲线（σ-c 曲线）求界面上的吸附量。
③ 根据吸附量与浓度关系，求正丁醇分子的横截面积 S。
④ 掌握一种测定表面张力的方法——最大气泡压力法。

【基本原理】

溶液表面可以发生吸附作用，当某一液体中溶有其他物质时，其表面张力即发生变化。例如在水中溶入醇、酸、酮、醛等有机物，可使其表面张力减小。实验表明，溶质在溶液中的分布是不均匀的，表面层的浓度和体相不同，这就是吸附作用。如果表面层浓度为增加，称正吸附；反之，称负吸附。

由热力学关系式可推得一定温度下溶液的吸附量 $\varGamma$ 与表面张力 σ 以及浓度 c 之间的关系

$$\varGamma = -\frac{c}{RT}\left(\frac{\partial \sigma}{\partial c}\right)_T \tag{2-74}$$

上式称为 Gibbs 吸附等温式，式中各物理量的单位分别是，$\varGamma$：$\mathrm{mol \cdot m^{-2}}$；$\sigma$：$\mathrm{N \cdot m^{-1}}$；$T$：K；$c$：$\mathrm{mol \cdot m^{-3}}$；$R$：$8.314 \mathrm{J \cdot mol^{-1} \cdot K^{-1}}$。

当 $\left(\frac{\partial \sigma}{\partial c}\right)_T < 0$ 时，$\varGamma > 0$，为正吸附；$\left(\frac{\partial \sigma}{\partial c}\right)_T > 0$ 时，$\varGamma < 0$，为负吸附。当加入溶质后，液体表面张力显著下降，则 $\varGamma > 0$，此类物质称为表面活性物质；如 $\varGamma < 0$，则表明加入溶质后液体表面张力升高，此类物质称为非表面活性物质。

图 2-52 为一定温度下正丁醇水溶液的 σ-c 曲线。由 σ-c 曲线可求得不同浓度时的 $\left(\frac{\partial \sigma}{\partial c}\right)_T$ 值，将其代入 Gibbs 吸附等温式，即可计算不同浓度时气-液界面上的吸附量 $\varGamma$。

在一定温度下，吸附量与溶液浓度之间的关系可由 Langmuir 等温式表示

$$\varGamma = \varGamma_{\infty} \frac{Kc}{1+Kc} \tag{2-75}$$

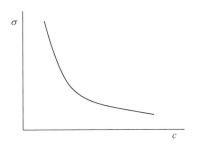

图 2-52　正丁醇水溶液的 σ-c 曲线

式中，$\varGamma_{\infty}$ 为饱和吸附量；K 为经验常数。将上式化成直线方程，则有

$$\frac{c}{\varGamma} = \frac{c}{\varGamma_{\infty}} + \frac{1}{\varGamma_{\infty} K} \tag{2-76}$$

由上式可知，以 $\frac{c}{\varGamma}$ 对 c 作图应得一直线，由直线斜率可求得 $\varGamma_{\infty}$。

设在饱和吸附情况下，正丁醇分子在气-液界面上铺满一单分子层，则应用下式即可求得正丁醇分子的横截面积 S。

$$S = \frac{1}{\varGamma_{\infty} N_0} \tag{2-77}$$

式中，N_0 为 Avogadro 常数。

测定表面张力的方法很多，本实验采用最大气泡压力法，实验装置如图 2-53 所示。

待测液体置于支管试管（即样品管）中，使毛细管端面与液面相切，液面即沿毛细管上升；打开滴液漏斗活塞，让水缓慢流下，则广口瓶中的空气体积减小，压力逐渐增大，使毛细管内液面所受压力（$p_{系统}$）大于样品管液面所受压力（大气压力），毛细管液面就会不断下降，将管中液体压至管口，并形成气泡（若毛细管管径较小，则形成的气泡可视为球形）。在气泡形成的过程中，由于表面张力的作用，凹液面产生一个指向液面外的附加压力 Δp，根据力平衡原理，有以下关系：

$$\Delta p = p_{系统} - p_{大气} = p（精密数字压力计） \tag{2-78}$$

因为数字压力计已将大气压"采零"。

附加压力与表面张力成正比，与气泡的曲率半径 R 成反比。

$$\Delta p = \frac{2\sigma}{R} \tag{2-79}$$

气泡刚形成时，由于表面几乎是平的，所以曲率半径 R 极大，$\Delta p = 0$；随着气泡的形成，曲率半径逐渐变小，Δp 逐渐增大；当气泡形成半球形时，曲率半径 R 等于毛细管半径 r，此时 R 值最小，附加压力 Δp 为最大；随着气泡由半球形进一步增大，R 又趋增大，Δp 下降，直至逸出液面，如图 2-54 所示。

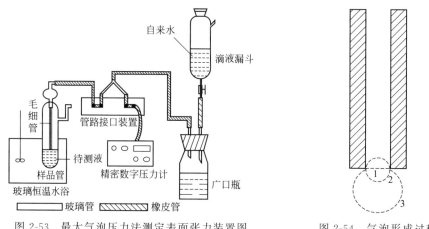

图 2-53 最大气泡压力法测定表面张力装置图   图 2-54 气泡形成过程

当 $R = r$ 时，附加压力最大，这时能承受的压力差也最大，这一压差可由精密数字压力计读出。

$$\Delta p_{最大} = \frac{2\sigma}{r} = p_{最大}（精密数字压力计） \tag{2-80}$$

如果将表面张力为 σ_1、σ_2 的两种液体，采用同一支毛细管和同一台压力计，分别测定其最大压差 $p_{最大1}$、$p_{最大2}$，则有

$$\sigma_1/\sigma_2 = p_{最大1}/p_{最大2} \tag{2-81}$$

$$\sigma_2 = (p_{最大2}/p_{最大1})\sigma_1 = K p_{最大2} \tag{2-82}$$

式中，$K = \sigma_1/p_{最大1} = r/2$，为毛细管常数。

因此，以已知表面张力 σ_1 的液体为标准，通过式（2-82）可求出其他液体的表面张力 σ_2。

【仪器与试剂】

表面张力测定装置（广口瓶、滴液漏斗、样品管、精密数字压力计、管路接口装置、三通玻璃管等）1套；SPY-Ⅲ型玻璃恒温水浴1套；电吹风器（或烘箱）（公用）1个；容量瓶（100mL）9个；刻度移液管（5mL、2mL、1mL、0.5mL）各1个；烧杯（250mL）1个；铁架台（配铁夹）1个；软胶塞1个；橡皮管若干。

正丁醇（AR）。

【实验步骤】

1. 求毛细管常数 K

① 调节恒温水浴温度为25℃。将样品管仔细洗涤干净并干燥。

② 分别配制浓度为 $0.01\text{mol}\cdot\text{L}^{-1}$、$0.02\text{mol}\cdot\text{L}^{-1}$、$0.05\text{mol}\cdot\text{L}^{-1}$、$0.10\text{mol}\cdot\text{L}^{-1}$、$0.15\text{mol}\cdot\text{L}^{-1}$、$0.20\text{mol}\cdot\text{L}^{-1}$、$0.25\text{mol}\cdot\text{L}^{-1}$、$0.30\text{mol}\cdot\text{L}^{-1}$、$0.35\text{mol}\cdot\text{L}^{-1}$ 的正丁醇溶液 100mL。

③ 在样品管中装入蒸馏水，使水面与毛细管端面相切。将样品管置于恒温水浴中恒温 10min。注意毛细管必须与液面垂直。

④ 按图2-53连接实验装置。接通精密数字压力计电源，按精密数字压力计的"单位"键，选择适合实验的压力单位（kPa）。

⑤ 先旋转（打开）滴液漏斗活塞，使系统与大气相通，按下精密数字压力计的"采零"键，对精密数字压力计采零，此时，数字压力计显示为0000（将大气压力参考为0）。再旋转（关闭）滴液漏斗活塞，并将滴液漏斗中装入自来水。旋转滴液漏斗活塞，使水缓慢流下，毛细管口有气泡产生后，仔细调节水滴流速，使数字压力计所显示的数值一个字一个字地变化（气泡一个一个逸出，其速率小于20个/min）。

⑥ 观察数字压力计数值，待每次数字压力计最大值基本一致时，记录数字压力计所显示最大读数3次，取平均值，即为 $p_{最大1}$。

2. 测量各浓度下正丁醇溶液的表面张力

① 将滴液漏斗中的自来水放净，在样品管中换入已配好的0.01mol/L正丁醇水溶液，重复步骤1中⑤、⑥，得出 $p_{最大2}$。

② 同法测定其他浓度正丁醇水溶液的 $p_{最大2}$ 值（注意：需从稀到浓依次进行，每次测量前必须用蒸馏水和少量被测液洗涤样品管，尤其是毛细管部分，确保毛细管内外溶液的浓度一致）。

实验结束，关掉电源，将样品管和其他玻璃仪器洗净。

【注意事项】

① 测定用毛细管一定要干净，否则气泡可能不呈单气泡，不能连续稳定地逸出，使数字压力计的数值不稳，且影响溶液的表面张力。

② 毛细管一定要保持垂直，管口端面刚好与液面相切。

③ 读取压力值时，应取气泡单个逸出时的最大压力值。

④ 由于实验所需要压力（负压）很小，故玻璃仪器的各种塞子（磨口塞子和软胶塞）以及各仪器橡皮管连接处都应塞紧，以免气体泄漏影响实验顺利进行，保证实验的可靠性和准确性。

【数据记录与处理】

室温：_____℃ 大气压：_____kPa

① 将实验测量的数据记录于表 2-23 中。

表 2-23 25℃时蒸馏水和各浓度正丁醇溶液的最大附加压力

$c/\text{mol} \cdot \text{L}^{-1}$			蒸馏水	正丁醇溶液							
				0.01	0.02	0.05	0.10	0.15	0.20	0.25	0.30	0.35
$p_{\text{最大}}/\text{kPa}$	测量值	1										
		2										
		3										
	平均值											

② 利用公式 $K = \sigma_{\text{水}}/p_{\text{最大,水}}$ 计算毛细管常数 K。

文献值：25℃时，$\sigma_{\text{水}} = 0.07197 \text{N} \cdot \text{m}^{-1}$。

③ 根据公式 $\sigma_2 = K p_{\text{最大2}}$ 计算各浓度正丁醇溶液的表面张力，并作 $\sigma\text{-}c$ 曲线。

④ 由 $\sigma\text{-}c$ 曲线分别求出浓度为 $0.05\text{mol} \cdot \text{L}^{-1}$、$0.10\text{mol} \cdot \text{L}^{-1}$、$0.15\text{mol} \cdot \text{L}^{-1}$、$0.20\text{mol} \cdot \text{L}^{-1}$、$0.25\text{mol} \cdot \text{L}^{-1}$、$0.30\text{mol} \cdot \text{L}^{-1}$ 时切线的斜率 m。

$$m = \left(\frac{\partial \sigma}{\partial c}\right)_T$$

⑤ 利用 Gibbs 吸附等温式计算出各浓度下溶液的吸附量 Γ，将 Γ 及由③、④计算出的各项结果列入表 2-24。

表 2-24 25℃时不同浓度正丁醇溶液测定的各项实验数据

$c/\text{mol} \cdot \text{L}^{-1}$	$p_{\text{最大}}/\text{kPa}$	$\sigma/\text{N} \cdot \text{m}^{-1}$	$\left(\frac{\partial \sigma}{\partial c}\right)_T /\text{N} \cdot \text{m}^2 \cdot \text{mol}^{-1}$	$\Gamma/\text{mol} \cdot \text{m}^{-2}$	$\frac{c}{\Gamma}/\text{m}^{-1}$
0.01					
0.02					
0.05					
0.10					
0.15					
0.20					
0.25					
0.30					
0.35					

⑥ 作 $\frac{c}{\Gamma}\text{-}c$ 图，应得一直线，由直线斜率求出 Γ_∞。

⑦ 利用式(2-77)计算正丁醇分子的横截面积 S。文献值：$S = 19.5 \times 10^{-21} \text{m}^2$。

【讨论】

① 根据 Gibbs 吸附等温式：$\Gamma = -\frac{c}{RT}\left(\frac{\partial \sigma}{\partial c}\right)_T$，各浓度正丁醇溶液的吸附量 Γ 可通过 $\sigma\text{-}c$ 曲线上的切线斜率 m 求得，其方法如图 2-55 所示。在 $\sigma\text{-}c$ 曲线上任找一点 a，过 a 点作切线 ab，此点的斜率 m 为

$$m = \frac{Z}{0 - c_1} = -\frac{Z}{c_1}$$

而
$$-\frac{Z}{c_1} = \left(\frac{\partial \sigma}{\partial c}\right)_T$$

所以
$$\Gamma_1 = \frac{Z}{RT}$$

② 测定液体表面张力的方法还有毛细管法、脱环法、滴重法和吊片法等,本实验的最大气泡压力法装置简单、操作方便,适用于测定纯液体或溶质分子量较小溶液的表面张力。测定中采用的是加压法进行鼓泡,若应用减压方法鼓泡也可达到实验的目的,其实验装置如图 2-56 所示。

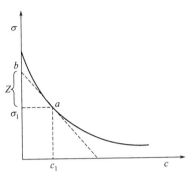

图 2-55 由 σ-c 曲线求切线斜率

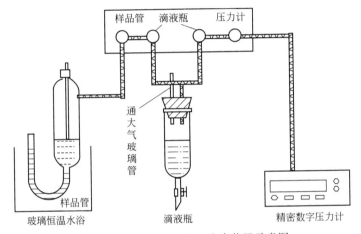

图 2-56 减压法测定表面张力装置示意图

【思考题】

① 安装仪器时为什么要使毛细管与液面垂直,且管口端面刚好与液面相切?
② 实验时,为什么溶液浓度以由稀至浓测定为宜?
③ 滴速过快,对实验结果有何影响?为什么?
④ 测定中能否应用减压的方法来鼓泡?

实验 14 黏度法测定高聚物分子量

【目的要求】
① 了解相对黏度、增比黏度和特性黏度等基本概念。
② 用黏度法测定聚乙烯醇的分子量的平均值。
③ 掌握用乌氏黏度计测定特性黏度的方法。

【基本原理】

单体分子经加聚或缩聚便可合成高聚物。在高聚物的研究中，分子量是一个不可缺少的重要数据。因为它不仅反映了高聚物分子的大小，并且直接关系到高聚物的物理性能。但与一般的无机物或低分子量的有机物不同，高聚物多是分子量不等的混合物，因此通常测得的分子量是一个平均值。测定高聚物分子量的方法很多，相对而言，黏度法设备简单，操作方便，并有很好的实验精度，因此用黏度法测定高聚物分子量，是目前应用较广泛的方法之一。

高聚物在稀溶液中的黏度是它在流动过程所存在的内摩擦的反映，这种流动过程中的内摩擦主要有：溶剂分子之间、高聚物分子与溶剂分子之间以及高聚物分子之间三种。其中，溶剂分子之间内摩擦又称为纯溶剂的黏度，以 η_0 表示。三种内摩擦的总和称为高聚物溶液的黏度，以 η 表示。在同一温度下，高聚物溶液的黏度一般要比纯溶剂的黏度大些，即 $\eta > \eta_0$。为了比较这两种黏度，引入增比黏度的概念，以 η_{sp} 表示：

$$\eta_{sp} = \frac{\eta - \eta_0}{\eta_0} = \frac{\eta}{\eta_0} - 1 = \eta_r - 1 \tag{2-83}$$

式中，η 与 η_0 之比，即 η_r 称为相对黏度，它是溶液黏度与溶剂黏度的比值，反映的仍是整个溶液的黏度行为；η_{sp} 则反映出了扣除溶剂分子间的内摩擦以后仅仅是溶剂与高聚物分子间以及高聚物分子之间的内摩擦。显然，增比黏度 η_{sp} 与高聚物溶液的浓度 c 有关，浓度越大，黏度也越大。

为此，常常取单位浓度下呈现的黏度来进行比较，从而引入比浓黏度的概念，以 $\frac{\eta_{sp}}{c}$ 表示。另外将 $\frac{\ln\eta_r}{c}$ 定义为比浓对数黏度。因为 η_r 和 η_{sp} 是无因次量，$\frac{\eta_{sp}}{c}$ 和 $\frac{\ln\eta_r}{c}$ 的单位由浓度 c 的单位而定，通常采用 $g \cdot mL^{-1}$。为了进一步消除高聚物分子间内摩擦的作用，必须将溶液无限稀释，当浓度 c 趋近零时，比浓黏度趋近于一个极限值，即：

$$\lim_{c \to 0} \frac{\eta_{sp}}{c} = [\eta] \tag{2-84}$$

$[\eta]$ 主要反映高聚物分子与溶剂分子之间的内摩擦作用，称之为高聚物溶液的特性黏度，其数值可通过实验求得。因为根据实验，在足够稀的溶液中有：

$$\frac{\eta_{sp}}{c} = [\eta] + k[\eta]^2 c \tag{2-85}$$

$$\frac{\ln\eta_r}{c} = [\eta] - \beta[\eta]^2 c \tag{2-86}$$

式中，k、β 为经验常数。由式(2-85) 和式(2-86) 可知，以 $\dfrac{\eta_{sp}}{c}$ 对 c 以及 $\dfrac{\ln \eta_r}{c}$ 对 c 作图均得直线，这两条直线在纵坐标轴上相交于同一点（图 2-57），据此可求出 $[\eta]$ 数值。

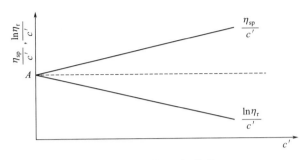

图 2-57　外推法求 $[\eta]$

为了绘图方便，引进相对浓度 c'，即 $c' = \dfrac{c}{c_1}$。式中，c 为溶液的真实浓度；c_1 为溶液的起始浓度，则

$$\lim_{c' \to 0} \frac{\eta_{sp}}{c'} = \lim_{c' \to 0} \frac{\ln \eta_r}{c'} = [\eta] c_1$$

由图 2-57 可知，

$$[\eta] = \frac{A}{c_1} \tag{2-87}$$

式中，A 为截距。

由溶液的特性黏度 $[\eta]$ 还无法直接获得高聚物分子量的数据，目前常利用麦克（H. Mark）的半经验方程来求得，即

$$[\eta] = K M^\alpha \tag{2-88}$$

式中，M 为高聚物分子量的平均值；K、α 为常数，与温度、高聚物性质、溶剂等因素有关，可通过其他实验方法求得。实验证明，α 值一般在 $0.5 \sim 1$ 之间。聚乙烯醇的水溶液在 25℃时，$\alpha = 0.76$，$K = 2.0 \times 10^{-5} \, \mathrm{m^3 \cdot kg^{-1}}$。式(2-88) 适用于非支化的、聚合度不太低的高聚物。

因此，高聚物分子量的测定最终归结为溶液特性黏度 $[\eta]$ 的测定。而黏度的测定可以根据液体流经毛细管的速率来进行，根据泊塞勒（Poiseuille）公式

$$\eta = \frac{\pi r^4 h g \rho t}{8 l V} \tag{2-89}$$

式中，V 为流经毛细管液体的体积；r 为毛细管半径；ρ 为液体密度；l 为毛细管的长度（图 2-58）；t 为液体流经毛细管的时间；h 为作用于毛细管中液体上（E 球）的平均液柱高度，$h = \dfrac{1}{2}(h_1 + h_2)$（注意：$h_1$ 为毛细管底端至刻度线 a 的高度，h_2 为毛细管底端至刻度线 b 的高度）；g 为重力加速度。

对同一黏度计，h、r、l、V 是常数，则式(2-89) 可化为

$$\eta = K' \rho t \tag{2-90}$$

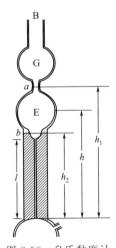

图 2-58　乌氏黏度计 B 管结构示意图

用同一黏度计在相同条件下测定两种液体的黏度时,它们的黏度之比就等于密度与流经毛细管时间之比,即

$$\frac{\eta_2}{\eta_1} = \frac{\rho_2 t_2}{\rho_1 t_1}$$

考虑到通常测定是在高聚物的稀溶液下进行的,溶液的密度 ρ 与纯溶剂的密度 ρ_0 可视为相等,则溶液的相对黏度就可表示为:

$$\eta_r = \frac{\eta}{\eta_0} \approx \frac{t}{t_0} \tag{2-91}$$

所以只需测定溶液和溶剂流经毛细管时间 t 和 t_0 就可求得 η_r。

【仪器与试剂】

SPY-Ⅲ玻璃恒温水浴1套;乌氏黏度计1支;电子秒表1块;烘箱(公用)1个;吸耳球1个;移液管(10mL)2支;烧杯(100mL)1个;3号玻璃砂漏斗1个;自由夹2只;橡皮管若干。

聚乙烯醇溶液;正丁醇(AR)。

【实验步骤】

① 调节玻璃恒温水浴温度。将温度调至25℃。

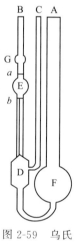

图 2-59 乌氏黏度计

② 安装黏度计。在洗净干燥的乌氏黏度计(所用黏度计必须洁净,有时微量的灰尘、油污等会产生局部的堵塞现象,影响溶液在毛细管中的流速,而导致较大的误差。所以做实验之前,应该彻底洗净,放在烘箱中干燥)的侧管C(见图2-59)上端套一橡皮管,并用自由夹夹紧使之不漏气。把黏度计垂直放入恒温水浴中,使G球完全浸没在水中,放置的位置要合适,便于观察液体的流动情况。恒温水浴的搅拌速率应调节合适,不致产生剧烈震动,影响测定的结果。

③ 测定溶剂流经毛细管时间 t_0。用移液管取10mL蒸馏水由A处注入黏度计中恒温数分钟,利用吸耳球由B处将溶剂经毛细管吸入球E和球G中(注意:液体不准吸进吸耳球内),然后除去吸耳球,使管B与大气相通,并打开侧管C的自由夹,让溶剂依靠重力自由流下。当液面达到刻度线 a 时,立刻按秒表开始计时,当液面下降到刻度线 b 时,再按秒表停止计时,记录溶剂由 a 至 b 所需时间,该值即为溶剂流经毛细管的时间 t_0。重复三次,每次相差不应超过0.3s,取其平均值。如果相差过大,则应检查毛细管有无堵塞现象;查看恒温水浴温度是否稳定良好。

④ 测定溶液流经毛细管时间 t。待 t_0 测完后,取10mL配制好的聚乙烯醇溶液加入黏度计中,用自由夹夹紧C管上端橡皮管,利用吸耳球从B管将溶液反复抽吸至球G内几次,使其混合均匀。(注意:聚乙烯醇是一种起泡剂,抽吸混合时,容易起泡,不易混合均匀,溶液中分散的微小气泡如同杂质微粒,容易局部堵塞毛细管,所以应注意抽吸的速率要缓慢,若有气泡,可滴加少量正丁醇消泡)。同步骤③,测定 $c' = \frac{1}{2}$ 的流经毛细管时间 t_1,然后再依次加入10mL蒸馏水,稀释成浓度为 $\frac{1}{3}$、$\frac{1}{4}$、$\frac{1}{5}$ 的溶液,并分别测定溶液流经毛细管时间 t_2、t_3、t_4(每个数据重复三次,取平均值)。

实验完毕，黏度计和其他玻璃仪器应洗净，并将黏度计倒置使其晾干。

【注意事项】

① 实验用的聚乙烯醇溶液应预先配制（注意：实验老师已配好），要求测定时最稀和最浓溶液的相对黏度 η_r 在 1.2~2.0 的范围内。如果溶液中有固体杂质，用 3 号玻璃砂漏斗过滤。过滤时不能用滤纸，以免纤维混入。

② 黏度计很易折断，安装和清洗时应以正确的姿势操作，黏度计在恒温水浴中一定要保持垂直状态，搅拌速率置于"慢"处。

③ 每次加水冲稀溶液时，一定要经抽吸和吹气使黏度计内溶液各处的浓度相等。在吹气过程中，如果溶液没有波纹出现，说明已混合均匀。

④ 液体黏度的温度系数较大，实验过程中应控制温度恒定，否则难以获得重现结果。

⑤ 实验结束后，一定要认真清洗黏度计和移液管（必须用蒸馏水），若清洗不净，可用洗液浸泡。

【数据记录与处理】

室温：_____℃　　　　　　　大气压：_____kPa

实验温度：_____℃

① 将实验数据记录于表 2-25 中；

② 计算出相对黏度 η_r，增比黏度 η_{sp}，比浓黏度 $\dfrac{\eta_{sp}}{c'}$，相对黏度对数 $\ln\eta_r$，比浓对数黏度 $\dfrac{\ln\eta_r}{c'}$，并填入表 2-25 中；

表 2-25　聚乙烯醇水溶液黏度实验的测定结果和数据处理表

		流经毛细管时间				η_r	η_{sp}	$\dfrac{\eta_{sp}}{c'}$	$\ln\eta_r$	$\dfrac{\ln\eta_r}{c'}$
		测量值			平均值					
		1	2	3						
溶剂					$t_0=$					
溶液	$c'=1/2$				$t_1=$					
	$c'=1/3$				$t_2=$					
	$c'=1/4$				$t_3=$					
	$c'=1/5$				$t_4=$					

③ 作 $\dfrac{\eta_{sp}}{c'}$-c' 图和 $\dfrac{\ln\eta_r}{c'}$-c' 图，并外推至 $c'=0$，从截距 A 求出 $[\eta]$ 值；

④ 由式 $[\eta]=KM^\alpha$ 求出聚乙烯醇的分子量 M。

【讨论】

由黏度法测高聚物分子量，最基础的测定是 t_0、t、c，实验的成败和准确度取决于测量液体所流经毛细管的时间的准确度、配制溶液浓度的准确度和恒温水浴的恒温程度、安装黏度计位置的垂直程度以及外界的振动等因素。因此，在黏度法测定高聚物分子量时，要注意以下几点。

① 溶液浓度的选择。随着溶液浓度的增加，聚合物分子链之间的距离逐渐缩短，因而

分子链间作用力增大。当溶液浓度超过一定限度时，高聚物溶液的 $\frac{\eta_{sp}}{c}$ 或 $\frac{\ln\eta_r}{c}$ 与 c 的关系不成线性。通常选用 $\eta_r = 1.2 \sim 2.0$ 的浓度范围。

② 溶剂的选择。高聚物的溶剂有良溶剂和不良溶剂两种。在良溶剂中，高分子线团伸展，链的末端距增大，链段密度减小，溶液的 $[\eta]$ 值较大。在不良溶剂中则相反，并且溶解很困难。在选择溶剂时，要注意考虑溶解度、价格、来源、沸点、毒性、分解性和回收等方面的因素。

③ 毛细管黏度计的选择。常用毛细管黏度计有乌氏和奥式两种，测分子量选用乌氏黏度计。对 E 球体积为 5mL 的黏度计，一般要求溶剂流经时间为 $t_0 = 100 \sim 130s$ 之间。

④ 恒温水浴的温度。温度波动直接影响溶液黏度的测定。规定用黏度法测定分子量的恒温水浴的温度波动为 $\pm 0.05℃$。

⑤ 黏度测定中异常现象的近似处理。在特性黏度测定过程中，有时并非操作不慎，但出现如图 2-60 的异常现象。在式(2-85)中的 k 和 $\frac{\eta_{sp}}{c}$ 值与高聚物结构和形态有关，而式(2-86)其物理意义不太明确。因此出现异常现象时，以 $\frac{\eta_{sp}}{c}$-c' 曲线求 $[\eta]$ 值，如图 2-60 所示。

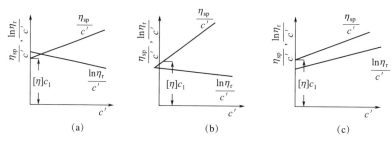

图 2-60 外推法求 $[\eta]$ 的异常现象

【思考题】

① 特性黏度 $[\eta]$ 是怎样测定的？

② 为什么 $\lim\limits_{c \to 0}\frac{\eta_{sp}}{c} = \lim\limits_{c \to 0}\frac{\ln\eta_r}{c}$？

③ 分析实验成功与失败的原因。

实验 15 磁化率的测定

【目的要求】
① 掌握 Gouy 法测定磁化率的实验原理、方法和技术。
② 通过测定物质的磁化率,推算该物质未成对电子数,并判断分子的配键类型。

【基本原理】

1. 磁化率和分子磁矩

物质在外磁场作用下,由于电子等带电粒子的运动,会被磁化而感应出一个附加磁场,则物质内部的磁感应强度 B 为

$$B = B_0 + B' = \mu_0 H + B' \tag{2-92}$$

式中,B_0 为外磁场的磁感应强度;B' 为物质磁化产生的附加磁感应强度;H 为外磁场强度;$\mu_0 = 4\pi \times 10^{-7}\,\text{N} \cdot \text{A}^{-2}$,称为真空磁导率。

物质的磁化可用磁化强度 M 来描述,M 与 B、H 一样也是一个矢量,它与磁场强度成正比

$$M = \chi H$$

式中,χ 称为物质的体积磁化率,简称磁化率,表示单位体积内磁场的强度,它是物质的一种宏观性质,反映了物质被磁化的难易程度。

而 B' 与 M 是有关联的,即

$$B' = \mu_0 M = \mu_0 \chi H \tag{2-93}$$

联立式(2-92)和式(2-93)得

$$B = (1 + \chi)\mu_0 H = \mu\mu_0 H \tag{2-94}$$

式中,μ 为物质的(相对)磁导率。

化学上常用质量磁化率 χ_g 或摩尔磁化率 χ_m 表示磁化程度,它们与 χ 的关系为

$$\chi_g = \frac{\chi}{\rho} \tag{2-95}$$

$$\chi_m = \frac{\chi M}{\rho} \tag{2-96}$$

式中,M,ρ 分别为物质的摩尔质量与密度。χ_g 的单位为 $\text{m}^3 \cdot \text{kg}^{-1}$,$\chi_m$ 的单位为 $\text{m}^3 \cdot \text{mol}^{-1}$。

物质的磁性一般分为反磁性、顺磁性和铁磁性。$\chi_m < 0$ 的物质称为反磁性物质。原子、分子中没有未成对电子的物质一般是反磁性物质。反磁性的产生在于内部电子的轨道运动,在外磁场作用下产生拉摩运动,感应出一个诱导磁矩,磁矩的方向与外磁场相反。$\chi_m > 0$ 的物质称为顺磁性物质。顺磁性物质一般是具有自旋未配对电子的物质。因为电子自旋未配对的原子或分子具有分子磁矩(亦称永久磁矩)μ_m,由于热运动,μ_m 指向各个方向的机会相同,所以该磁矩的统计值等于 0。在外磁场作用下一方面分子磁矩会按着磁场方向排列,其磁化方向与外磁场方向相同,其磁化强度与外磁场成正比。另一方面物质内部电子的轨道运动也会产生拉摩运动,感应出诱导磁矩,其磁化方向与外磁场方向相反。所以顺磁性物质的摩尔磁化率 χ_m 是摩尔顺磁化率 χ_P 和摩尔反磁化率 χ_D 两部分之和。

$$\chi_m = \chi_P + \chi_D \tag{2-97}$$

由于 $|\chi_P| \gg |\chi_D|$，所以在近似估算时认为：

$$\chi_m = \chi_P \tag{2-98}$$

除反磁性物质和顺磁性物质外，还有少数物质的磁化率特别大，且磁化程度与外磁场之间并非正比关系，在外磁场消失后其磁性并不消失，这种物质称为铁磁性物质。

假定分子间无相互作用，应用统计力学的方法，可推导出顺磁性物质的摩尔顺磁化率 χ_m 与分子永久磁矩 μ_m 的关系（称为居里定律）：

$$\chi_m = \chi_P = \frac{L\mu_0 \mu_m^2}{3kT} \tag{2-99}$$

式中，L 为阿伏伽德罗常数（$6.022 \times 10^{23} \text{mol}^{-1}$）；$k$ 为玻尔兹曼常数（1.3806×10^{-23} J·K^{-1}）；T 为热力学温度。

量子力学给出分子的永久磁矩由分子内未成对电子数 n 决定，其关系为

$$\mu_m = \mu_B \sqrt{n(n+2)} \tag{2-100}$$

式中，μ_B 为玻尔磁子，是磁矩的自然单位，其物理意义是单个自由电子自旋所产生的磁矩，$\mu_B = eh/(4\pi m_e) = 9.274 \times 10^{-24}$ A·m^2（或 J·T^{-1}，T 为磁感应强度的单位，即特斯拉）。

因此，只要通过实验测定物质的磁化率就能确定物质分子的永久磁矩和未成对电子数，从而研究物质内部的结构。

磁矩测量对于研究某些原子（或离子）的电子结构，判断配合物分子的配键类型是非常有意义的。通常认为配合物可分为电价配合物和共价配合物两种。电价配合物是指中心离子与配体之间是依靠静电引力结合起来的，这种化学键称电价配键，这时中心离子的电子结构不受配体的影响，基本上保持自由离子的电子结构；共价配合物则是以中心离子的空的价电子轨道接受配体的孤对电子，以形成共价配键，这时中心离子常常发生电子重排，以空出更多的内层价电子 d 轨道来容纳配体的孤对电子。

例如，Fe^{2+} 在自由离子状态下的 3d 轨道电子结构如图 2-61 所示。

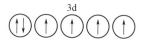

图 2-61　Fe^{2+} 在自由离子状态下 3d 轨道电子结构示意图

当 Fe^{2+} 与 6 个配体形成配离子时，中心离子仍然保持着上述自由离子状态下的电子结构，故此配合物是电价配合物。而黄血盐 $K_4[Fe(CN)_6]$（亚铁氰化钾），由实验测得 $\mu_m = 0$，则 $n = 0$，中心离子 Fe^{2+} 的电子结构发生重排，如图 2-62 所示。

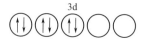

图 2-62　Fe^{2+} 的 3d 轨道电子结构重排示意图

故 $K_4[Fe(CN)_6]$ 是共价配合物。

2. 磁化率的测定

本实验采用古埃（Gouy）法，通过测定物质在不均匀磁场中受到的力，从而求出物质

的磁化率 χ_m，其实验原理如图 2-63 所示。

将装有样品的圆柱形玻璃管如图 2-63 所示方式悬挂在两磁极中间，使样品底部处于磁铁两极的中心，亦即磁场强度 H 最强区域，样品的顶端则位于磁场强度 H_0 最弱区域，甚至为零的区域。这样整个样品被置于一不均匀的磁场中。沿样品轴心方向 z 存在一磁场梯度 dH/dz，若圆形样品截面积为 A，则作用于长度为 dz、体积为 Adz 的样品上的磁力 dF 为

$$dF = \chi\mu_0 HA dz dH/dz \tag{2-101}$$

对于顺磁性物质的作用力，指向磁场强度最大的方向，反磁性物质则指向磁场强度最小的方向。当不考虑样品周围介质（如空气，其磁化率很小）和 H_0 的影响时，样品管中所有样品所受的力 F 为：

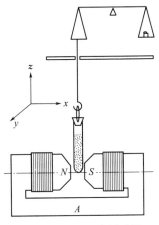

图 2-63 Gouy 法原理图

$$F = \int_{H_0=0}^{H=H_{max}} \chi\mu_0 HA dz \frac{dH}{dz} = \chi\mu_0 A \int_{H_0=0}^{H=H_{max}} H dH = \frac{1}{2}\chi\mu_0 AH^2 \tag{2-102}$$

由天平称得不装样品的空样品管和装有被测样品的样品管在加与不加磁场时质量变化 Δm，从而求出：

$$F_1 = \Delta m_{空管} g \tag{2-103}$$

$$F_2 = \Delta m_{样品+空管} g \tag{2-104}$$

式中，$\Delta m_{空管}$ 为不装有样品的空样品管加磁场时的质量减去其不加磁场时的质量；$\Delta m_{样品+空管}$ 为装有样品的样品管加磁场时的质量减去装有样品的样品管不加磁场时的质量。

显然，不均匀磁场作用于样品的力 $F = F_2 - F_1$，则

$$F = \frac{1}{2}\chi\mu_0 AH^2 = \Delta mg = (\Delta m_{样品+空管} - \Delta m_{空管})g \tag{2-105}$$

$$\chi = \frac{2(\Delta m_{样品+空管} - \Delta m_{空管})g}{\mu_0 AH^2} \tag{2-106}$$

由于 $\chi_m = \frac{\chi M}{\rho} = \frac{\chi M}{m_{样品}/Ah} = \frac{\chi MAh}{m_{样品}}$，所以

$$\chi_m = \frac{2(\Delta m_{样品+空管} - \Delta m_{空管})ghM}{\mu_0 m_{样品} H^2} \tag{2-107}$$

式中，h 为样品的高度；$m_{样品}$ 为样品质量；M 为样品的摩尔质量；g 为重力加速度；μ_0 为真空磁导率；$\Delta m_{样品+空管}$ 为装有样品的样品管加磁场时的质量减去其不加磁场时的质量；$\Delta m_{空管}$ 为不装有样品的空样品管加磁场时的质量减去其不加磁场时的质量。

磁场强度 H 可用"特斯拉计"直接测量，也可用已知磁化率的标准物质进行间接测量。例如用莫尔氏盐 $[(NH_4)_2SO_4 \cdot FeSO_4 \cdot 6H_2O]$ 进行标定，已知莫尔氏盐的质量磁化率 χ_g（$\chi_m = \chi_g M$）与热力学温度 T 的关系式为

$$\chi_g = \frac{1.1938}{T/K+1} \times 10^{-4} \quad m^3 \cdot kg^{-1} \tag{2-108}$$

【仪器与试剂】

磁天平（包括磁场、励磁电源、电子天平和特斯拉计等）1 台；装样品的工具 1 套；玻

璃样品管 1 支；直尺 1 个；烘箱（公用）1 个。

莫尔氏盐（AR）；亚铁氰化钾（AR）。

【实验步骤】

实验装置如图 2-64 所示。

① 检查实验所需设备、仪器是否完好，检查样品是否齐全。

② 按照图 2-64 连接好测量装置的设备和仪器，并将励磁电源的电流调节旋钮左旋到底，打开电源开关，调节到任一电流值，预热 15~20min。同时将电子天平电源接通，校准清零。

图 2-64　磁化率测定实验装置

③ 在特斯拉计的探头远离磁场时，调节特斯拉的调零旋钮（清零键），使其数字显示为"0"。

④ 把特斯拉计的探头放入磁铁的中心支架上，使其顶端放入待测磁场中，并轻轻、缓慢地前后、左右调节探头的位置，观察数字显示值，直至调节到最大值，找出磁场强度最大的位置。用探头沿此位置的垂直线，找出离磁铁中心高度为 h 的磁场强度最小的位置，这也就是样品管内应装样品的高度。

⑤ 测量样品管空管质量。取一只洁净、干燥的玻璃样品管，用一铜线（或细线）将样品管悬挂在电子天平的下端，使样品管底部与两磁极中心连线平齐（样品管不能与磁极接触），准确称量空样品管质量。然后，缓慢由小到大调节励磁电流，分别称量励磁电流为 2A、3A、4A 时的空样品管质量，缓慢调至 5A，再缓慢由大到小调节励磁电流，分别称量 4A、3A、2A 时的空样品管质量，再缓慢调节至 0A，在无励磁电流的情况下，再准确称取一次空样品管质量。将每次测量的空样品管的质量记录在表 2-26 中。

⑥ 用莫尔氏盐标定磁场强度。取下样品管，用小漏斗装入事先研细并干燥过的莫尔氏盐，并不断让样品管底部在软木垫（或手掌心）上轻轻碰撞，务使粉末样品均匀填实，直至装入所要求的高度，用直尺准确测量样品高度 h。按第⑤步方法分别准确称量相应励磁电流下的质量，并将结果记录于表 2-27 中。测定完毕后，将样品管中的莫尔氏盐样品倒入回收瓶中，然后洗净、烘干样品管。

⑦ 测定样品的摩尔磁化率。将待测样品 $K_4[Fe(CN)_6] \cdot 3H_2O$ 装在同一样品管中，使样品高度与装莫尔氏盐的高度一样，按照第⑥步方法测量样品在不同励磁电流下的质量，并将结果记录在表 2-28 中。测定完毕后，将样品管中的待测样品倒入回收瓶中，然后洗净、烘干样品管。

实验结束后,所有旋钮回位,关闭电子天平和励磁电源开关。

【注意事项】

① 电源开关打开或关闭前,应先将电流逐渐调节至零。
② 励磁电流的升降应平稳、缓慢,严防突发性断电。
③ 空样品管需干燥、洁净,样品应均匀填实。
④ 实验时应避免气流对测量的影响。
⑤ 待测样品与莫尔氏盐在样品管中的高度完全相等。
⑥ 两磁极距离不得随意变动。样品管不得与磁极接触。
⑦ 磁天平总机架必须水平放置,电子天平应校零。

【数据记录与处理】

室温:_____℃   大气压:_____kPa
实验温度:_____℃   样品高度 $h =$ _____

表 2-26　不同励磁电流下样品管的质量

I/A	$m_{空,升}/g$	$m_{空,降}/g$	$m_{空,平均}/g$	$\Delta m_{空}/g$
0				
2				
3				
4				

表 2-27　不同励磁电流下莫尔氏盐和样品管的质量

I/A	$m_{莫+空,升}/g$	$m_{莫+空,降}/g$	$m_{莫+空,平均}/g$	$\Delta m_{莫+空}/g$
0				
2				
3				
4				

表 2-28　不同励磁电流下待测样品和样品管的质量

I/A	$m_{样+空,升}/g$	$m_{样+空,降}/g$	$m_{样+空,平均}/g$	$\Delta m_{样+空}/g$
0				
2				
3				
4				

① 由式(2-108)算出莫尔氏盐的质量磁化率 χ_g,并结合有关实验数据利用式(2-107)计算相应励磁电流下的磁场强度(可与特斯拉计测量结果对照)。

② 按式(2-107)算出待测样品 $K_4[Fe(CN)_6] \cdot 3H_2O$ 摩尔磁化率 χ_m。

③ 根据式(2-99)和式(2-100)计算待测样品 $K_4[Fe(CN)_6] \cdot 3H_2O$ 的永久磁矩 μ_m 和未成对电子数 n。

④ 根据未成对电子数,讨论 $K_4[Fe(CN)_6] \cdot 3H_2O$ 中的中心离子 Fe^{2+} 的最外层电子结构,并由此判断配键类型。

【思考题】

① 为什么要用标准物质校正磁场强度？

② Gouy 法测定物质磁化率的精确度与哪些因素有关？

③ Gouy 法测定物质磁化率的原理是什么？

④ 不同励磁电流下测得的样品摩尔磁化率是否相同？

附录 物理化学实验常用数据表

附表1 SI基本单位

量		单位	
名称	符号	名称	符号
长度	l	米	m
质量	m	千克	kg
时间	t	秒	s
电流(强度)	I	安[培]	A
热力学温度	T	开[尔文]	K
物质的量	n	摩[尔]	mol
发光强度	I	坎[德拉]	cd

附表2 常用的SI导出单位

量		单位		
名称	符号	名称	符号	用SI单位表示式
频率	ν	赫[兹]	Hz	s^{-1}
力	F	牛[顿]	N	$kg \cdot m \cdot s^{-2} = J \cdot m^{-1}$
压强	p	帕[斯卡]	Pa	$kg \cdot m^{-1} \cdot s^{-2} = N \cdot m^{-2}$
能量	E	焦[耳]	J	$kg \cdot m^2 \cdot s^{-2}$
功率	P	瓦[特]	W	$kg \cdot m^2 \cdot s^{-3} = J \cdot s^{-1}$
电量	Q	库[伦]	C	$A \cdot s$
电动势	U	伏[特]	V	$kg \cdot m^2 \cdot s^{-3} \cdot A^{-1} = J \cdot A^{-1} \cdot s^{-1}$

续表

量		单位		
名称	符号	名称	符号	用 SI 单位表示式
电阻	R	欧[姆]	Ω	$kg \cdot m^2 \cdot s^{-3} \cdot A^{-2} = V \cdot A^{-1}$
电导	G	西[门子]	S	$kg^{-1} \cdot m^{-2} \cdot s^3 \cdot A^2 = \Omega^{-1}$
电容	C	法[拉]	F	$A^2 \cdot S^4 \cdot kg^{-1} \cdot m^{-2} = A \cdot s \cdot V^{-1} = C \cdot V^{-1}$
磁通量	Φ	韦[伯]	Wb	$kg \cdot m^2 \cdot s^{-2} \cdot A^{-1} = V \cdot s$
电感	L	亨[利]	H	$kg \cdot m^2 \cdot s^{-2} \cdot A^{-2} = V \cdot A^{-1} \cdot s$
磁感应强度	B	特[斯拉]	T	$kg \cdot s^{-2} \cdot A^{-1} = V \cdot s$

附表 3 一些物理和化学的基本常数

量	符号	数值	单位
真空光速	c	299792458	$m \cdot s^{-1}$
真空磁导率	μ_0	$4\pi = 12.566370614\cdots$	$10^{-7} N \cdot A^{-2}$
真空介电常数 $1/(\mu_0 C^2)$	ε_0	$8.854187817\cdots$	$10^{-12} F \cdot m^{-1}$
万有引力常数	G	6.67259(85)	$10^{-11} m^3 \cdot kg^{-1} \cdot s^{-2}$
普朗克常数	h	6.6260755(40)	$10^{-34} J \cdot s$
基本电荷	e	1.60217733(49)	$10^{-19} C$
电子静质量	m_e	9.1093897(54)	$10^{-31} kg$
质子静质量	m_p	1.6726231(10)	$10^{-27} kg$
中子静质量	m_n	1.6749286(10)	$10^{-27} kg$
摩尔气体常数	R	8.314510(70)	$J \cdot mol^{-1} \cdot K^{-1}$
阿伏伽德罗常数	L, N_A	6.0221367(36)	$10^{23} mol^{-1}$
法拉第常数	F	96485.309(29)	$C \cdot mol^{-1}$
玻尔兹曼常数, R/L_A	k	1.380658(12)	$10^{-23} J \cdot K^{-1}$
里德伯常数	R_∞	10973731.534(13)	m^{-1}
原子质量单位	u	1.6605402(10)	$10^{-27} kg$

附表 4 单位换算表

单位名称		符号	折合 SI 单位制
力的单位	公斤力	kgf	9.80665N
	达因	dyn	$10^{-5} N$
能量单位	公斤力·米	$kgf \cdot m$	9.80665J
	尔格	erg	$10^{-7} J$
	升·大气压	$L \cdot atm$	101.328J
	瓦特·小时	$W \cdot h$	3600J
	卡	cal	4.1868J
黏度单位	泊	P	$0.1 N \cdot S \cdot m^{-2}$
	厘泊	cP	$10^{-3} N \cdot S \cdot m^{-2}$

单位名称		符号	折合 SI 单位制
压力单位	毫巴	mbar	$100 \text{N} \cdot \text{m}^{-2}$ (Pa)
	达因·厘米$^{-2}$	$\text{dyn} \cdot \text{cm}^{-2}$	$0.1 \text{N} \cdot \text{m}^{-2}$ (Pa)
	公斤力·厘米$^{-2}$	$\text{kgf} \cdot \text{cm}^{-2}$	$98066.5 \text{N} \cdot \text{m}^{-2}$ (Pa)
	工程大气压	at	$98066.5 \text{N} \cdot \text{m}^{-2}$ (Pa)
	标准大气压	atm	$101324.7 \text{N} \cdot \text{m}^{-2}$ (Pa)
	毫米水高	mmH_2O	$9.80665 \text{N} \cdot \text{m}^{-2}$ (Pa)
	毫米汞高	mmHg	$133.322 \text{N} \cdot \text{m}^{-2}$ (Pa)
功率单位	公斤力·米·秒$^{-1}$	$\text{kgf} \cdot \text{m} \cdot \text{s}^{-1}$	9.80665 W
	尔格·秒$^{-1}$	$\text{erg} \cdot \text{s}^{-1}$	10^{-7} W
	大卡·小时$^{-1}$	$\text{kcal} \cdot \text{h}^{-1}$	1.163 W
	卡·秒$^{-1}$	$\text{cal} \cdot \text{s}^{-1}$	4.1868 W
比热单位	卡·克$^{-1}$·度$^{-1}$	$\text{cal} \cdot \text{g}^{-1} \cdot \text{℃}^{-1}$	$4186.8 \text{J} \cdot \text{kg}^{-1} \cdot \text{℃}^{-1}$
	尔格·克$^{-1}$·度$^{-1}$	$\text{erg} \cdot \text{g}^{-1} \cdot \text{℃}^{-1}$	$10^{-4} \text{J} \cdot \text{kg}^{-1} \cdot \text{℃}^{-1}$
电磁单位	伏·秒	$\text{V} \cdot \text{s}$	1 Wb
	安·小时	$\text{A} \cdot \text{h}$	3600 C
	德拜	D	$3.334 \times 10^{-30} \text{C} \cdot \text{m}$
	高斯	G	10^{-4} T
	奥斯特	Oe	$1000 \times (4\pi)^{-1} \text{A} \cdot \text{m}^{-1}$

附表 5 有机化合物的蒸气压

下列各化合物的蒸气压可用如下方程式计算。

$$\lg p = A - \frac{B}{t+C}$$

式中，A、B、C 为常数；p 为化合物的蒸气压，mmHg；t 为摄氏温度，℃。

名称	分子式	温度范围/℃	A	B	C
四氯化碳	CCl_4	—	6.87926	1212.021	226.41
氯仿	CHCl_3	$-35 \sim 61$	6.4934	929.44	196.03
甲醇	CH_4O	$-14 \sim 65$	7.89750	1474.08	229.13
二氯乙烷	$\text{C}_2\text{H}_4\text{Cl}_2$	$-31 \sim 99$	7.0253	1271.3	222.9
乙酸	$\text{C}_2\text{H}_4\text{O}_2$	液相	7.38782	1533.313	222.309
乙醇	$\text{C}_2\text{H}_6\text{O}$	$-2 \sim 100$	8.32109	1718.10	237.52
丙酮	$\text{C}_3\text{H}_6\text{O}$	液相	7.11714	1210.595	229.664
异丙醇	$\text{C}_3\text{H}_8\text{O}$	$0 \sim 101$	8.11778	1580.92	219.61
乙酸乙酯	$\text{C}_4\text{H}_8\text{O}_2$	$15 \sim 76$	7.10179	1244.95	217.88
正丁醇	$\text{C}_4\text{H}_{10}\text{O}$	$15 \sim 131$	7.47680	1362.39	178.77

续表

名称	分子式	温度范围/℃	A	B	C
苯	C_6H_6	8～103	6.90565	1211.033	220.790
环己烷	C_6H_{12}	20～81	6.84130	1201.53	222.65
甲苯	C_7H_8	6～137	6.95464	1344.800	219.48
乙苯	C_8H_{10}	26～164	6.95719	1424.255	213.21

附表6　部分有机化合物的密度

下列几种有机化合物之密度可用下面的方程式来计算。

$$\rho_t = \rho_0 + 10^{-3}\alpha t + 10^{-6}\beta t^2 + 10^{-9}\gamma t^3$$

式中，ρ_0 为 $t=0\ ℃$ 时的密度，$g\cdot cm^{-3}$；t 为温度，℃；ρ_t 为温度为 t 时的密度，$g\cdot cm^{-3}$。$1g\cdot cm^{-3}=10^3 kg\cdot m^{-3}$。

化合物	ρ_0	α	β	γ	温度范围/℃
四氯化碳	1.63255	−1.9110	−0.690		0～40
氯仿	1.52643	−1.8563	−0.5309	−8.81	−53～55
乙醚	0.73629	−1.1138	−1.237		0～70
乙酸	1.0724	−1.1229	0.058	−2.0	9～100
丙酮	0.81248	−1.100	−0.858		0～50
异丙醇	0.8014	−0.809	−0.27		0～25
正丁醇	0.82390	−0.699	−0.32		0～47
乙酸甲酯	0.95932	−1.2710	−0.405	−6.00	0～100
乙酸乙酯	0.92454	−1.168	−1.95	20	0～40
环己烷	0.79707	−0.8879	−0.972	1.55	0～65
苯	0.90005	−1.0638	−0.0376	−2.213	11～72

附表7　不同温度下水的密度

$t/℃$	$\rho/10^3 kg\cdot m^{-3}$	$t/℃$	$\rho/10^3 kg\cdot m^{-3}$	$t/℃$	$\rho/10^3 kg\cdot m^{-3}$
0	0.99987	8	0.99988	16	0.99897
1	0.99993	9	0.99931	17	0.99880
2	0.99997	10	0.99973	18	0.99862
3	0.99999	11	0.99963	19	0.99843
4	1.00000	12	0.99952	20	0.99823
5	0.99999	13	0.99940	21	0.99802
6	0.99997	14	0.99927	22	0.99780
7	0.99997	15	0.99913	23	0.99756

续表

$t/℃$	$\rho/10^3 kg \cdot m^{-3}$	$t/℃$	$\rho/10^3 kg \cdot m^{-3}$	$t/℃$	$\rho/10^3 kg \cdot m^{-3}$
24	0.99732	36	0.99371	48	0.98940
25	0.99707	37	0.99336	49	0.98896
26	0.99681	38	0.99299	50	0.98852
27	0.99654	39	0.99262	51	0.98807
28	0.99626	40	0.99224	52	0.98762
29	0.99597	41	0.99186	53	0.98715
30	0.99567	42	0.97489	54	0.98669
31	0.99537	43	0.99147	55	0.98621
32	0.99505	44	0.99107	60	0.98573
33	0.99473	45	0.99066	65	0.98324
34	0.99440	46	0.99025	70	0.98059
35	0.99406	47	0.98982	75	0.97781

附表8 水在不同温度下的折射率、黏度和介电常数

温度 $t/℃$	折射率 n_D	黏度[①] $\eta/10^{-3} kg \cdot m^{-1} \cdot s^{-1}$	介电常数[②] ε
0	1.33395	1.7702	87.74
5	1.33388	1.5108	85.76
10	1.33369	1.3039	83.83
15	1.33339	1.1374	81.95
20	1.33300	1.0019	80.10
21	1.33290	0.9764	79.73
22	1.33280	0.9532	79.38
23	1.33271	0.9310	79.02
24	1.33261	0.9100	78.65
25	1.33250	0.8903	78.30
26	1.33240	0.8703	77.94
27	1.33229	0.8512	77.60
28	1.33217	0.8328	77.24
29	1.33206	0.8145	76.90
30	1.33194	0.7973	76.55
35	1.33131	0.7190	74.83
40	1.33061	0.6526	73.15
45	1.32985	0.5972	71.51
50	1.32904	0.5468	69.91

① 黏度是指单位面积的液层,以单位速度流过相隔单位距离的固定液面时所需的切线力,其单位是 $N \cdot s \cdot m^{-2}$ 或 $kg \cdot m^{-1} \cdot s^{-1}$ 或 $Pa \cdot s$(帕·秒)。
② 介电常数(相对)是指某物质作介质时,与相同条件真空情况下电容的比值,故介电常数又称相对电容率,无量纲。

附表9　25℃下某些液体的折射率

名称	n_D^{25}	名称	n_D^{25}
甲醇	1.326	四氯化碳	1.459
乙醚	1.352	乙苯	1.493
丙酮	1.357	甲苯	1.494
乙醇	1.359	苯	1.498
乙酸	1.370	苯乙烯	1.545
乙酸乙酯	1.370	溴苯	1.557
正己烷	1.372	苯胺	1.583
1-丁醇	1.397	溴仿	1.587
氯仿	1.444		

附表10　不同温度下水的表面张力

$t/℃$	$\sigma/10^{-3}N\cdot m^{-1}$	$t/℃$	$\sigma/10^{-3}N\cdot m^{-1}$	$t/℃$	$\sigma/10^{-3}N\cdot m^{-1}$	$t/℃$	$\sigma/10^{-3}N\cdot m^{-1}$
0	75.64	17	73.19	26	71.82	60	66.18
5	74.92	18	73.05	27	71.66	70	64.42
10	74.22	19	72.90	28	71.50	80	62.61
11	74.07	20	72.75	29	71.35	90	60.75
12	73.93	21	72.59	30	71.18	100	58.85
13	73.78	22	72.44	35	70.38	110	56.89
14	73.64	23	72.28	40	69.56	120	54.89
15	73.49	24	72.13	45	68.74	130	52.84
16	73.34	25	71.97	50	67.91		

附表11　几种溶剂的凝固点下降常数

溶剂	纯溶剂的凝固点/℃	$K_f/K\cdot kg\cdot mol^{-1}$
水	0	1.853
乙酸	16.66	3.90
苯	5.53	5.12
对二氧六环	11.70	4.71
环己烷	6.54	20.0
苯酚	40.90	7.40
萘	80.29	6.94
溴仿	8.05	14.4

注：K_f是指1mol溶质，溶解在1000g溶剂中的凝固点下降常数。

附表 12 常压下某些共沸物的沸点和组成

共沸物		各组分的沸点/℃		共沸物的性质	
甲组分	乙组分	甲组分	乙组分	沸点/℃	组成/%(甲组分的质量分数)
苯	乙醇	80.1	78.3	67.9	68.3
环己烷	乙醇	80.8	78.3	64.8	70.8
正己烷	乙醇	68.9	78.3	58.7	79.0
乙酸乙酯	乙醇	77.1	78.3	71.8	69.0
乙酸乙酯	环己烷	77.1	80.7	71.6	56.0
异丙醇	环己烷	82.4	80.7	69.4	32.0

附表 13 不同温度下 KCl 在水中的溶解焓

t/℃	$\Delta_{sol}H_m$/kJ·mol^{-1}	t/℃	$\Delta_{sol}H_m$/kJ·mol^{-1}
10	19.895	20	18.297
11	19.795	21	18.146
12	19.623	22	17.995
13	19.598	23	17.682
14	19.276	24	17.703
15	19.100	25	17.556
16	18.933	26	17.414
17	18.765	27	17.272
18	18.602	28	17.138
19	18.443	29	17.004

注：此溶解焓是指 1mol KCl 溶于 200mol 水中的溶解焓。

附表 14 某些有机化合物的标准摩尔燃烧焓

名称	化学式	t/℃	$-\Delta_c H_m^\ominus$/kJ·mol^{-1}
甲醇	$CH_3OH(l)$	25	726.51
乙醇	$C_2H_5OH(l)$	25	1366.8
草酸	$(CO_2H)_2(s)$	25	245.6
甘油	$(CH_2OH)_2CHOH(l)$	20	1661.0
苯	$C_6H_6(l)$	20	3267.5
己烷	$C_6H_{14}(l)$	25	4163.1
苯甲酸	$C_6H_5COOH(s)$	20	3226.9
樟脑	$C_{10}H_{16}O(s)$	20	5903.6
萘	$C_{10}H_8(s)$	25	5153.8
尿素	$NH_2CONH_2(s)$	25	631.7

附表15　25℃下乙酸在水溶液中的电离度和解离常数

$c/\text{mol} \cdot \text{m}^{-3}$	α	$K_c/10^{-2}\text{mol} \cdot \text{m}^{-3}$
0.1113	0.3277	1.754
0.2184	0.2477	1.751
1.028	0.1238	1.751
2.414	0.0829	1.750
5.912	0.05401	1.749
9.842	0.04223	1.747
12.83	0.03710	1.743
20.00	0.02987	1.738
50.00	0.01905	1.721
100.00	0.1350	1.695
200.00	0.00949	1.645

附表16　KCl溶液的电导率

$t/℃$	$\kappa/10^2\text{S} \cdot \text{m}^{-1}$			
	$1.000\text{mol} \cdot \text{L}^{-1}$	$0.1000\text{mol} \cdot \text{L}^{-1}$	$0.0200\text{mol} \cdot \text{L}^{-1}$	$0.0100\text{mol} \cdot \text{L}^{-1}$
0	0.06541	0.00715	0.001521	0.000776
5	0.07414	0.00822	0.001752	0.000896
10	0.08319	0.00933	0.001994	0.001020
15	0.09252	0.01048	0.002243	0.001147
16	0.09441	0.01072	0.002294	0.001173
17	0.09631	0.01095	0.002345	0.001199
18	0.09822	0.01119	0.002397	0.001225
19	0.10014	0.01143	0.002449	0.001251
20	0.10207	0.01167	0.002501	0.001278
21	0.10400	0.01191	0.002553	0.001305
22	0.10594	0.01215	0.002606	0.001332
23	0.10789	0.01239	0.002659	0.001359
24	0.10984	0.01264	0.002712	0.001386
25	0.11180	0.01288	0.002765	0.001413
26	0.11377	0.01313	0.002819	0.001441
27	0.11574	0.01337	0.002873	0.001468
28	0.07414	0.01362	0.002927	0.001496
29	0.08319	0.01387	0.002981	0.001524

续表

$t/℃$	$\kappa/10^2 S \cdot m^{-1}$			
	$1.000 mol \cdot L^{-1}$	$0.1000 mol \cdot L^{-1}$	$0.0200 mol \cdot L^{-1}$	$0.0100 mol \cdot L^{-1}$
30	0.09252	0.01412	0.003036	0.001552
35	0.09441	0.01539	0.003312	0.000896
36	0.09631	0.01564	0.003368	0.001020

注：$1.000 mol \cdot L^{-1}$代表KCl溶液的物质的量浓度为$1.000 mol \cdot L^{-1}$，以此类推。

附表17 无限稀释离子的摩尔电导率

离子	$\lambda/10^{-4} S \cdot m^2 \cdot mol^{-1}$			
	0℃	18℃	25℃	50℃
H^+	225	315	349.8	464
K^+	40.7	63.9	73.5	114
Na^+	26.5	42.8	50.1	82
NH_4^+	40.2	63.9	73.5	115
Ag^+	33.1	53.5	61.9	101
$1/2 Ba^{2+}$	34.0	54.6	63.6	104
$1/2 Ca^{2+}$	31.2	50.7	59.8	96.2
OH^-	105	171	198.3	(284)
Cl^-	41.0	66.0	76.3	(116)
NO_3^-	40.0	62.3	71.5	(104)
CH_3COO^-	20.0	32.5	40.9	(67)
$1/2 SO_4^{2-}$	41	68.4	80.0	(125)
$1/2 C_2 O_4^{2-}$	39	(63)	74.2	(115)
F^-		47.3	55.4	

附表18 25℃下标准电极电位及温度系数

电极	电极反应	$\varphi^{\ominus}/V$	$(d\varphi^{\ominus}/dT)/mV \cdot K^{-1}$
Ag^+, Ag	$Ag^+ + e^- = Ag$	0.7991	-1.000
$AgCl, Ag, Cl^-$	$AgCl + e^- = Ag + Cl^-$	0.2224	-0.658
AgI, Ag, I^-	$AgI + e^- = Ag + I^-$	-0.151	-0.284
Cd^{2+}, Cd	$Cd^{2+} + 2e^- = Cd$	-0.403	-0.093
Cl_2, Cl^-	$Cl_2 + 2e^- = 2Cl^-$	1.3595	-1.260
Cu^{2+}, Cu	$Cu^{2+} + 2e^- = Cu$	0.337	0.008
Fe^{2+}, Fe	$Fe^{2+} + 2e^- = Fe$	-0.440	0.052
Mg^{2+}, Mg	$Mg^{2+} + 2e^- = Mg$	-2.37	0.103

续表

电极	电极反应	$\varphi^{\ominus}/V$	$(d\varphi^{\ominus}/dT)/mV\cdot K^{-1}$
Pb^{2+},Pb	$Pb^{2+}+2e^-=\!\!=\!\!Pb$	-0.126	-0.451
$PbO_2,PbSO_4,SO_4^{2-},H^+$	$PbO_2+SO_4^{2-}+4H^++2e^-=\!\!=\!\!PbSO_4+2H_2O$	1.685	-0.326
OH^-,O_2	$O_2+2H_2O+4e^-=\!\!=\!\!4OH^-$	0.401	-1.680
Zn^{2+},Zn	$Zn^{2+}+2e^-=\!\!=\!\!Zn$	-0.7628	0.091

附表19　高聚物溶剂体系的$[\eta]$-M关系式

高聚物	溶剂	$t/℃$	$K/10^{-3}L\cdot kg^{-1}$	α	分子量范围 $M/10^4$
聚丙烯酰胺	水	30	6.31	0.80	2~50
	水	30	68	0.66	1~20
	$1mol\cdot L^{-1}NaNO_3$	30	37.5	0.66	
聚丙烯腈	二甲基甲酰胺	25	16.6	0.81	5~27
聚甲基丙烯酸甲酯	苯	25	3.8	0.79	24~450
	丙酮	25	7.5	0.70	3~93
聚乙烯醇	水	25	20	0.76	0.6~2.1
	水	30	66.6	0.64	0.6~16
聚苯乙烯	甲苯	25	17	0.69	1~160
聚己内酰胺	40% H_2SO_4	25	59.2	0.69	0.3~1.3
聚乙酸乙烯酯	丙酮	25	10.8	0.72	0.9~2.5

附表20　几种化合物的磁化率

无机物	T/K	质量磁化率		摩尔磁化率	
		①	②	③	④
$CuBr_2$	292.7	3.07	38.6	685.5	8.614
$CuCl_2$	289	8.03	100.9	1080.0	13.57
CuF_2	293	10.3	129	1050.0	13.19
$Cu(NO_3)_2\cdot 3H_2O$	293	6.50	81.7	1570.0	19.73
$CuSO_4\cdot 5H_2O$	293	5.85	73.5(74.4)	1460.0	18.35
$FeCl_2\cdot 4H_2O$	293	64.9	816	12900.0	162.1
$FeSO_4\cdot 7H_2O$	293.5	40.28	506.2	11200.0	140.7
H_2O	293	-0.720	-9.50	-12.97	-0.163
$HgCo(CNS)_4$	293		206.6		
$K_3Fe(CN)_6$	297	6.96	87.5	2290.0	28.78

续表

无机物	T/K	质量磁化率 ①	质量磁化率 ②	摩尔磁化率 ③	摩尔磁化率 ④
$K_4Fe(CN)_6$	室温	−0.3739	4.699	−130.0	−1.634
$K_4Fe(CN)_6 \cdot 3H_2O$	室温	−0.3739		−12.3	−2.165
$NH_4Fe(SO_4)_2 \cdot 12H_2O$	293	30.1	378	14500	182.2
$(NH_4)_2Fe(SO_4)_2 \cdot 6H_2O$	293	31.6	397(406)	12400	155.8

① χ_g 单位（CGSM 制）：$10^{-6} cm^3 \cdot g^{-1}$。

② $1 cm^3 \cdot kg^{-1}$（SI 质量磁化率）$= 10^{-3} cm^3 \cdot g^{-1}$（CGSM 制质量磁化率），本栏数据由①按此式换算而得，χ_g 的 SI 单位为 $10^{-9} m^3 \cdot kg^{-1}$。

③ χ_m 单位（CGSM 制）：$10^{-6} cm^3 \cdot mol^{-1}$。

④ 本栏数据参照②和③换算而得，χ_m 的 SI 单位为 $10^{-9} m^3 \cdot mol^{-1}$。

参 考 文 献

[1] 丁益民，等. 物理化学实验. 北京：化学工业出版社，2018.
[2] 许新华，等. 物理化学实验. 北京：化学工业出版社，2017.
[3] 朱万春，等. 基础化学实验：物理化学实验分册. 第2版. 北京：高等教育出版社，2017.
[4] 刘春丽，等. 物理化学实验. 北京：化学工业出版社，2017.
[5] 天津大学物理化学教研室. 物理化学实验. 北京：高等教育出版社，2015.
[6] 蔡邦宏，等. 物理化学实验教程. 第2版. 南京：南京大学出版社，2016.
[7] 复旦大学，等. 物理化学实验. 第3版. 北京：高等教育出版社，2004.
[8] 金丽萍，等. 物理化学实验. 上海：华东理工大学出版社，2016.
[9] 何畏，等. 物理化学实验. 北京：科学出版社，2009.
[10] 东北师范大学，等. 物理化学实验. 第3版. 北京：高等教育出版社，2014.
[11] 谢祖芳，等. 物理化学实验及其数据处理. 成都：西南交通大学出版社，2014.
[12] 唐典勇，等. 计算机辅助物理化学实验. 第2版. 北京：化学工业出版社，2014.
[13] 李武客，等. 基础化学实验教程. 武汉：华中师范大学出版社，2012.
[14] 郭子成，等. 物理化学实验. 第2版. 北京：北京理工大学出版社，2011.
[15] 周西臣，等. 物理化学实验技术. 武汉：华中科技大学出版社，2010.
[16] 韩国彬，等. 物理化学实验. 厦门：厦门大学出版社，2010.
[17] 王爱荣，等. 物理化学实验. 北京：化学工业出版社，2008.
[18] 高丕英，等. 物理化学实验. 上海：上海交通大学出版社，2010.
[19] 浙江大学化学系. 中级化学实验. 北京：科学出版社，2005.
[20] 武汉大学化学与分子科学学院实验中心. 物理化学实验. 武汉：武汉大学出版社，2004.
[21] 北京大学化学学院物理化学实验教学组. 物理化学实验. 第4版. 北京：北京大学出版社，2002.
[22] 夏海涛. 物理化学实验. 第2版. 南京：南京大学出版社，2014.
[23] 崔献英，等. 物理化学实验. 合肥：中国科学技术大学出版社，2000.
[24] 傅献彩，等. 物理化学：上册. 第5版. 北京：高等教育出版社，2005.
[25] 傅献彩，等. 物理化学：下册. 第5版. 北京：高等教育出版社，2006.
[26] 印永嘉，等. 物理化学简明教程. 第4版. 北京：高等教育出版社，2007